여보의 건강 도시락

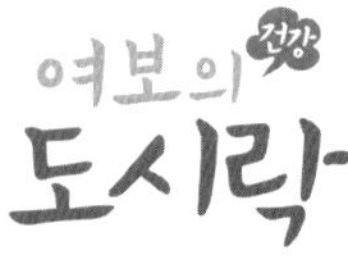

여보의 **건강** 도시락

펴낸날 초판 1쇄 2010년 5월 1일 | 초판 6쇄 2012년 2월 10일

지은이 김주리

펴낸이 임호준
이사 이동혁 | **편집장** 김소중 | **기획 편집** 윤은숙 장재순 나정애 김영혜 권지숙 이민주 윤세미
디자인 이지선 왕윤경 | **마케팅** 강진수 이유빈 | **경영지원** 김의준 나은혜 | **e-비즈** 표형원 공명식 최승진

펴낸곳 비타북스 | **발행처** ㈜헬스조선 | **출판등록** 제2-4324호 2006년 1월 12일
주소 서울특별시 중구 태평로1가 61 | **전화** (02) 724-7636 | **팩스** (02) 722-9339
홈페이지 www.vita-books.co.kr | **블로그** blog.naver.com/vitabooks

사진 조은선(표지 및 완성컷) 신지호(과정컷) | **디자인** 문예진 | **요리 스타일링** 문인영

ⓒ 김주리, 2010

ISBN 978-89-93357-32-5 13590

• 책값은 뒤표지에 있습니다. 잘못된 책은 바꾸어 드립니다.

여보의 건강 도시락

김주리 지음

비타북스

세상이 잠든 이른 아침,
도시락 반찬을 담으며

'도시락' 하면 제일 먼저 엄마가 싸주시던 도시락이 생각난다. 식당을 하시면서도 한 번도 거르지 않고 우리 4남매의 도시락을 이른 새벽부터 일어나 정성스레 싸주시던 엄마. 하루하루 거르지 않고 도시락을 싼다는 것만으로 얼마나 대단한 정성인지 도시락을 싸보니 이제야 알 것 같다. 그때는 너무 어리고 철이 없어 그것이 사랑이고 엄마의 정성인지 잘 알지 못했다. 가끔은 반찬투정도 부리며 도시락을 일부러 안 가지고 가는 날도 있었다. 엄마가 얼마나 속상하셨을까 이제야 늦은 후회가 밀려온다. 결혼한 뒤 신랑이 도시락을 싸달라고 했을 때 흔쾌히 그러겠다고 했지만, 하루에 3가지의 각기 다른 반찬을 싸는 건 보통 일이 아니었다. 그러다보니 미리 반찬거리를 사다 놓지 않거나 준비를 안 해놨을 때는 반찬 걱정에 불면증까지 오기도 했다. 그렇게 매일매일 도시락 전쟁을 치르면서 분명 나와 같은 고민을 하는 분들이 많지 않을까 하는 생각에 도시락을 싸고 사진을 찍어 인터넷에 올리기 시작했다. 많은 이들의 반찬 걱정을 덜어주고 조리법을 공유하면서 서로서로 도움을 주고받고 싶은 의도였다. 내 생각이 적중했는지 인터넷을 통해 많은 사람들이 관심을 보이기 시작했다. 도시락을 싸가지고 다니는 미혼 남녀들, 반찬으로 고민하는 주부들, 남자친구 군대 면회도시락으로 걱정하는 아가씨들, 소풍 도시락 메뉴로 고민하는 사람들 등 다양한 도시락을 찾는 사람들이 점점 많아졌다. 도시락을 싸면서 가장 뿌듯했던 건 늘어가는 관심과 기대 속에서 성장해가는 도시락에 대한 열정도 있었지만, 무엇보다도 신랑의 변화가 두드러졌다. 말수가 없는 신랑이 도시락을 싸가지고 다니면서 부쩍 말수가 늘었다.

"여보, 오늘 싸준 연어초밥말이는 최고였어, 다들 너무 맛있대!"
"오늘 캐릭터도시락은 정말 예뻤어, 다들 너무 부러워 해."
"여보, 오늘 싸준 김밥이랑 샌드위치는 다들 맛있게 먹었어. 고맙다고 전해달래!"

남편의 이런 한두 마디가 너무 고마웠다. 그만큼 직장 동료들과 잘 어울린다는 증거였으니까. 한 번씩 신랑이 팀원들과 함께 먹을 수 있도록 푸짐한 도시락을 싸줄 때면 더욱더 신랑의 칭찬은 늘어난다. 도시락을 싸는 보람은 이런 곳에서 오는 게 아닌가 싶다.

2010년 5월 화창한 봄날에

오늘도 여보의 도시락을 싸는 김주리

여보의 건강 도시락 **밥숟가락 & 종이컵 계량법** / **10**

실용성 만점! **꼼꼼하게 따져보는 도시락 용기** / **11**

화룡점정 **도시락을 빛나게 하는 소품** / **12**

이렇게 쉽게 꾸밀 수 있어요 **채소로 반찬 멋내기** / **13**

여보의 도시락 주인장에게 배우는 **똑소리나는 조리법** / **14**

Recipe 칭찬받는 울자기 도시락

닭가슴살버터구이+두부조림+느타리버섯볶음 / 18

부추전+제육볶음+달걀찜 / 20

하트두부김치+감자볶음+더덕고추장구이 / 22

고추잡채+꼬마맛탕+두부찜 / 24

동그랑땡+오이크래미+어묵볶음 / 26

달걀말아+쇠고기장조림+감자샐러드 / 28

단호박샐러드+감자크로켓+멸치볶음 / 30

장떡+애호박새우젓볶음+소시지부침 / 32

꽈리고추멸치볶음+미나리나물+찹스테이크 / 34

깻잎채소말아+알감자조림+비엔나소시지볶음 / 36

닭가슴살쌈무 말아+고구마샐러드+칠리새우 / 38

새싹채소월남쌈+가지튀김+애호박채소말이 / 40

어묵찜+참나물무침+오징어채무침 / 42

꼬막찜+미역줄기볶음+달걀샐러드 / 44

함박스테이크+브로콜리샐러드+콘옥수수샐러드 / 46

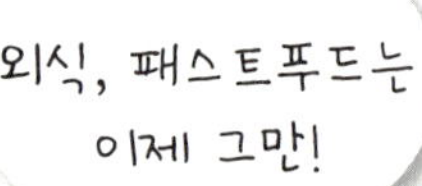

건강지킴이 계절도시락

쑥전+두릅전 / 50

돌나물 / 52

냉이고추장무침+세발나물무침 / 54

고사리녹두전+백김치 / 56

달래간장을 곁들인 굴밥 / 58

해초샐러드+미역샐러드+쌈다시마말이 / 60

진달래화전+메밀전병 / 62

오이냉국 / 64

수박나물 / 66

닭가슴살채소말이 / 68

수삼무침 / 70

도토리묵무침+단호박밥 / 72

시래기볶음+파래전 / 74

황태구이+뱅어포구이 / 76

푸짐해서 든든한 일품도시락

튀김정식 / 80

LA갈비 / 82

전복조림 / 84

두부보쌈 / 86

산채비빔밥 / 88

모듬전정식 / 92

스테이크덮밥 / 94

쌈밥정식 / 96

연어초밥말이 / 98

생선구이정식 / 100

옛날도시락 / 102

해물찜정식 / 104

무지개덮밥 / 106

네가지모듬주먹밥 / 108

자랑하고 싶은 피크닉도시락

밥샌드위치 / 112

햄말이밥 / 114

김밥도시락 / 116

칠색주먹밥 / 120

또띠아말이 / 122

유부초밥+미니주먹밥 / 124

달걀말이김밥 / 126

오보로꽃김밥 / 128

햄치즈샌드위치+롤샌드위치 / 130

연어샌드위치 / 132

닭가슴살크랜베리샌드위치 / 134

베이컨샌드위치 / 136

누구에게나 인기만점 캐릭터도시락

아기 호랑이 / 140

밀림의 왕 사자 / 141

냉장고 나라 코코몽 / 142

우리들의 친구 호빵맨 / 143

개구쟁이 우비소년 / 144

백 만 볼트 피카츄 / 145

삐약삐약 병아리 / 146

귀여운 아기 양 / 147

벚꽃 피는 날 / 148

그대만 바라보는 해바라기 / 149

어느 화창한 여름날 / 150

바닷속 풍경 / 151

보름달이 뜬 가을 풍경 / 152

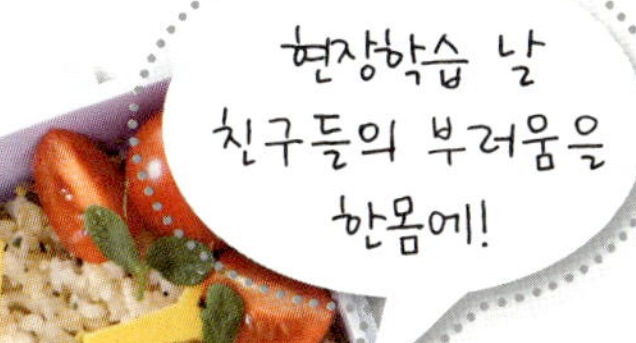

밥숟가락 & 종이컵 계량법

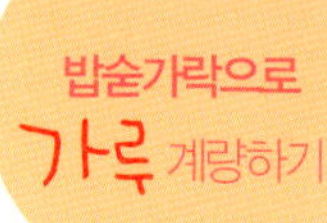

밥숟가락으로
가루 계량하기

1 작은술

1 술

1 큰술

〈밥숟가락〉

〈나무티스푼〉

나무티스푼이 없거나 양을 가늠하기 힘들다면 가정에서 사용하는 일반 밥숟가락을 사용하면 됩니다. 1술은 숟가락이 넘치지 않는 정도에서 표면이 편평한 상태이고, 1큰술은 숟가락 위로 소복히 쌓인 상태입니다.

※ 본문에선 나무티스푼을 사용하여 1작은술을 표현하였습니다

밥숟가락으로
액체 계량하기

1 작은술

1 술

〈밥숟가락〉

간장이나 맛술 등의 액체가 넘치지 않을 정도로 가득 담긴 상태를 1술이라 합니다. 꿀이나 조청처럼 끈적이는 액체 또한 흘러내리지 않는 정도를 나타냅니다.

※ 본문에선 나무티스푼을 사용하여 1작은술을 표현하였습니다

〈나무티스푼〉

종이컵으로
액체 계량하기

1 컵

자판기에서 흔히 볼 수 있는 종이컵은 가득 담았을 때 약 200㎖입니다. 본문에서 사용하는 1컵은 180㎖로, 액체를 담았을 때 90% 정도 차 있는 상태를 말합니다.

꼼꼼하게 따져보는 도시락 용기

일상 속 도시락

반찬 때문에 쉽게 물들어 버리거나 국물이 샌다면, 아무리 공들여 싸도 뚜껑을 열었을 때 흐트러져 있다면, 과연 도시락을 가지고 다닐 필요가 있을까요? 만든 사람의 정성과 사랑이 고스란히 전달되는 고마운 도시락을 찾기 위해선 몇 가지 꼭 알아야만 하는 체크 포인트가 있습니다.

첫째, 가방 안에 넣기 편한 슬림한 디자인이어야 합니다. 용기 자체에 모양이 있거나 무식하게 크기만 한 용기는 가방 안에 넣기도 불편하고 제멋대로 움직이고 뒤집어져서 애물단지입니다. 날씬하고 매끈한 용기야말로 도시락 용기에 가장 적합한 디자인입니다. 둘째, 국물이 새지 않을 정도로 강한 밀폐력을 갖고 있어야 합니다. 뚜껑 가장자리에 고무패킹이 있는 용기를 고

른 뒤 국물이 새지는 않는지 집에서 한번 실험해보세요. 셋째로 들고 다니기 편하게 손잡이가 달린 가방이 포함된 용기를 선택하는 것이 좋습니다. 온기와 냉기가 새어나가지 않도록 처리된 가방도 있으니 가방을 고를 땐 신중하고 꼼꼼히 살펴보고 선택하세요. 넷째, 위생적인 스테인리스 도시락을 선택하는 것이 좋습니다. 스테인리스 도시락은 음식에 물들

지도 않고 튼튼해서 매일 도시락을 싸가지고 다니는 직장인들에게 추천합니다.

다섯째, 국물요리나 음료를 넣

을 수 있는 물통을 하나쯤 구비해놓는 것이 좋습니다. 찌개나 국을 좋아하는 사람이라면 물통에 장국이나 맑은 국을 넣어 다니면 도시락을 즐기기 훨씬 쉬워집니다.

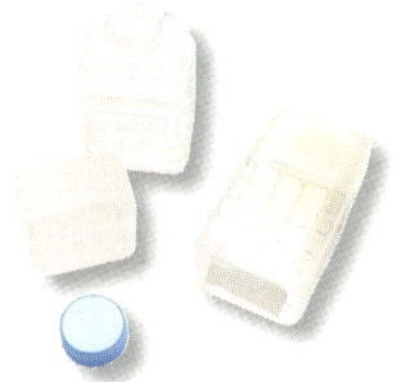

피크닉 도시락

'도시락' 하면 생각나는 단어 중 '피크닉'은 단연코 빠질 수 없지요. 그만큼 소풍을 가거나 교외로 나갈 때면 도시락을 싸서 가는 것이 일반화되어, 도시락 없는 피크닉은 '단팥 없는 찐빵'이나 다름 없게 되었습니다. 하지만 밖에서 기분 좋게 먹기 위한 음식인 만큼 용기 선택도 신중히 해야죠. 특히 가족끼리 푸짐한 도시락을 즐기고 싶을 때 꼭 선택하는 용기인 3단

찬합은 손잡이가 달려 있는 것으로 선택해야 3개의 용기를 흔들림 없이 간편하게 들고 다닐 수 있습니다. 또 가볍게 후식으로 즐기는 과일이나 채소를 싸갈 땐 물기를 받아주는 물받침이 포함된 제품으로 구입하면 좋습니다. 시중에 나와 있는 저렴한 플라스틱 용기들은 모양과 크기가 다양하고 가볍고 튼튼해서 구비해두면 두고두고 활용할 수 있습니다.

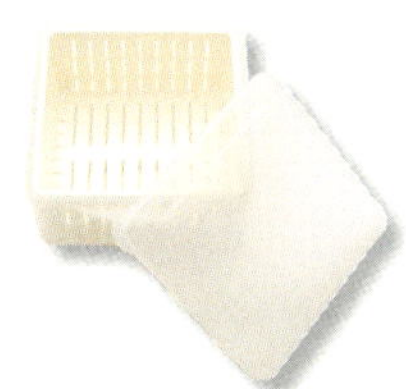

도시락을 빛나게 하는 소품

포장할 때 도시락을 돋보이게 하는 소품

프린트나 색깔이 들어간 유산지

유산지는 주로 샌드위치 포장이나 햄버거 포장, 혹은 과자를 포장할 때 주로 씁니다. 포장을 벗겨낸 뒤에는 부스러기가 떨어지는 쿠키나 빵 아래 깔아서 사용해도 좋습니다.

돌돌 말린 종이끈

종이끈은 유산지나 냅킨 등을 묶을 때 사용합니다. 돌돌 말려진 종이끈을 풀어서 사용해도 자연스러운 주름이 나와 좋습니다. 특히 피크닉도시락을 포장한 다음 종이끈을 이용해 묶어주면 테이프로 붙이는 것보다 훨씬 분위기 있는 도시락을 연출할 수 있습니다.

다양한 모양과 크기의 주먹밥 틀

주먹밥 틀을 이용하면 손으로 쥐어 만드는 것보다 쉽고 빠르게 일정한 크기로 다양한 모양의 주먹밥을 만들 수 있습니다. 밥뿐만 아니라 삶은 달걀이나 빵 반죽을 모양낼 때도 활용할 수 있어 좋습니다.

색깔도 소재도 다양한 꼬치

꼬치는 과일이나 밥, 전 등 여러 반찬을 줄줄이 꽂아서 사용할 수 있습니다. 아이들을 위한 도시락을 쌀 때는 끝이 뾰족한 나무꼬치 대신, 유해물질이 없고 끝이 뭉툭한 플라스틱 꼬치를 사용하면 안전합니다.

리본이 묶여있거나 프린트가 새겨진 빵끈

리본과 달리 비닐에도 미끄러지지 않고 잘 묶이는 빵끈은 개봉 부위를 여미는 데 사용하며 주로 베이커리에서 쉽게 볼 수 있는 재료입니다. 사용하고 남은 빵끈은 잘 챙겨서 먹다 남은 과자 봉투나 비닐 봉투를 묶을 때 쓰면 좋습니다.

반찬 쌀 때 소품 100% 활용하기

칸이 나눠져 있는 반찬통

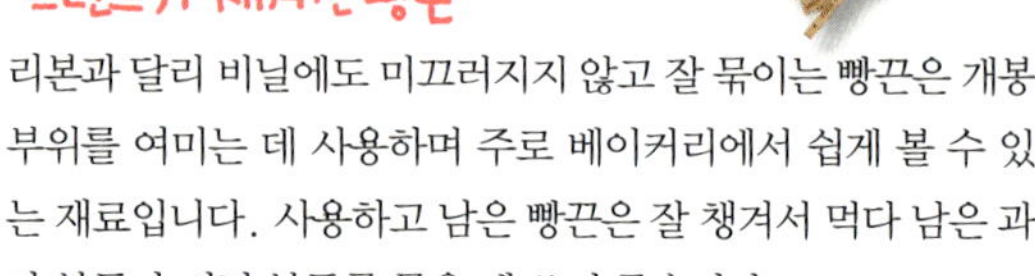

국물이 있거나 국물이 생기는 반찬을 쌀 땐 반찬을 따로 따로 담을 수 있도록 칸이 분리된 반찬통을 활용합니다. 칸막이가 있어 반찬과 반찬이 섞일 염려도 없고, 여러 가지 반찬을 하나의 용기에 담을 수 있어 더더욱 좋습니다.

얇고 가벼운 유산지컵

종이로 된 일반 유산지컵은 국물이 없거나 마른반찬을 쌀 때 활용해도 괜찮지만, 약간의 물기가 있는 반찬을 담을 때는 코팅되어 있는 유산지를 사용하는 게 좋습니다.

코팅이 되어 있는 컵케이크컵

컵케이크컵은 코팅이 되어 있고 유산지보다 단단하기 때문에 물기가 있거나 물러지기 쉬운 반찬(콩조림, 단무지무침 등)을 담을 때 좋습니다. 특히 피크닉도시락의 과일(키위, 파인애플 등)이나 샐러드를 담을 때 사용하면 물기가 생겨도 다른 반찬에 묻을 염려가 없습니다.

채소로 반찬 멋내기

포인트를 주는
새싹채소와 쌈채소

사랑스런
하트 모양의
파프리카

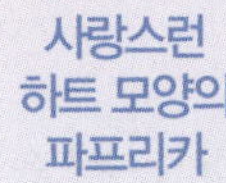

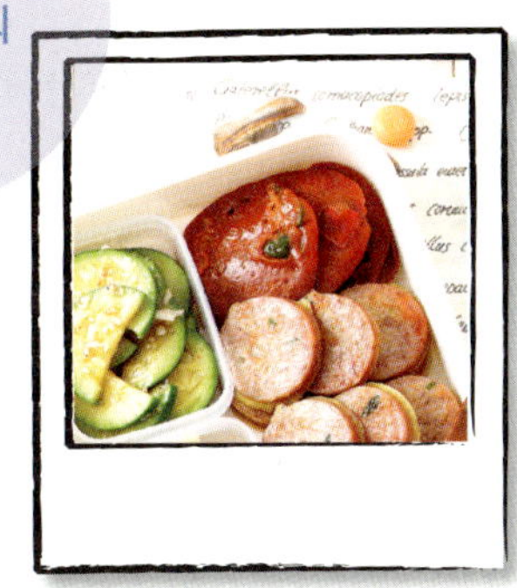

맛과 멋을
동시에 살린
홍고추와 오이

도시락에 재미를
더하는 깨와 콩

야무지게 묶고
정갈한 느낌을
살린 부추

똑소리나는 조리법

튀김 기름 온도 알아보기

빵가루나 밀가루 반죽을 넣었을 때 보글보글 끓으면서 바로 위로 올라오거나 기름에 나무젓가락을 넣어서 기포가 생겼다면 튀기기 좋은 온도입니다. 단, 나무 젓가락을 넣을 때 반드시 물기를 제거하고 넣어야 합니다.

튀김 반죽 만들기

튀김반죽은 찬물로 해야 튀김이 바삭하게 튀겨집니다. 농도는 너무 묽지 않아야 하고, 수저나 젓가락으로 떠올렸을 때 뚝뚝 끊기면서 떨어지는 정도가 좋습니다. 튀김 반죽이 묽으면 튀김옷이 얇게 입혀지고, 튀김옷이 금방 떨어져버립니다. 반죽을 할 때도 휘휘 저어서 반죽하는 것보다는 젓가락으로 살짝 살짝 저어가며 반죽하는 게 좋습니다.

녹색 채소 데치기

일반적으로 녹색나물류를 데칠 때는 물을 넉넉히 잡고(삶는 나물의 5배 이상) 소금을 1술 정도 넣어서 삶아줘야 좋습니다. 소금을 넣어 삶으면 산화를 방지해 색을 오랫동안 유지하게 만들어주고 비타민C의 파괴도 줄여줍니다. 물이 끓기 시작하면 채소를 넣고 한 번 젓은 뒤 바로 꺼내어 찬물에 헹궈야 채소가 무르지 않습니다.

달걀 삶기

달걀을 삶을 때 냉장고에서 바로 꺼낸 뒤 차가운 상태에서 삶으면 끓는 중 달걀이 훨씬 더 잘 터집니다. 따라서 실온에서 냉기를 가신 뒤 삶는 것이 좋습니다. 달걀을 삶을 때 소금을 약간 넣어 삶으면 껍질이 잘 벗겨집니다. 굴려가면서 삶으면 노른자가 가운데로 모여 반으로 잘랐을 때도 예쁜 모양을 유지할 수 있습니다. 달걀은 끓는 물에 넣은 뒤 10분이 지나면 반숙이 되고, 15분 이상 지나면 완숙이 됩니다.

찌기

새우, 굴, 조개류는 껍질이 있어 찜통에 달라붙지 않기 때문에 그냥 쪄도 상관없지만, 밀가루로 만든 음식이나 고기류는 면보자기를 깔고 쪄야 나중에 찜통에 눌어붙지 않고 깔끔하게 찔 수 있습니다. 찜통에 음식이 눌어붙으면 잘 떨어지지 않고, 모양이 흐트러질 수 있기 때문에 집에 찜 전용 면보자기를 하나 구비해놓는 것도 좋겠죠.

파스타 삶기

파스타는 삶는 데 시간이 오래 걸립니다. 끓는 물에 넣고 10~15분 정도 시간이 걸리므로 물을 넉넉히(삶는 양에 10배 이상) 넣고 삶아야 합니다. 파스타를 삶을 때는 올리브유 1술과 소금 1작은술 정도를 넣어 삶아주면 좋습니다. 파스타는 종류가 다양한 만큼 익히는 시간도 조금씩 다르니 중간에 한번씩 삶아진 정도를 체크하는 것, 잊지 마세요. 삶아진 파스타는 올리브유를 두른 팬에 한번 볶은 후 요리에 사용하면 좋습니다.

지단부치기

지단은 천천히 시간을 두고 약한 불에서 익혀야 좋습니다. 센 불로 조리하면 익기는 금방 익어도 달걀이 부풀어 올라 식었을 때 모양새가 좋지 않고 색이 누렇게 변하기 때문이죠. 지단을 부칠 땐 전분물을 넣어주면 탄력이 있고 잘 찢어지지 않습니다. 이때 전분물은 물과 전분을 1:1로 하여 달걀 1개당 1술 정도면 적당합니다. 지단은 노른자와 흰자를 분

리하여 노란 지단, 흰 지단으로 만들어 두 가지 색을 준비하면 고명으로 올렸을 때 보기에 훨씬 좋습니다. 노란 지단을 부칠 때는 노른자의 알끈과 노른자막을 제거한 뒤 사용하고, 흰 지단을 부칠 때는 흰자를 체에 한번 내려주면 면이 고르고 예쁘게 부쳐집니다. 이때 달걀물에 공기방울이 생기면 수저로 천천히 떠내서 제거한 뒤 부쳐야 지단 표면에 구멍이 생기지 않습니다.

모양틀을 이용해 포인트 주기

다양한 모양틀을 이용해 컬러채소를 찍어 반찬 위나 음식 위에 올려 밋밋한 요리에 포인트를 주면 도시락에 포인트를 줄 수 있습니다. 주로 파프리카, 당근, 비트를 자주 사용하는데, 특히 파프리카는 노란색, 빨간색, 주황색, 초록색의 다양하고 선명

한 색상을 자랑합니다. 별다른 조리과정 없이 생으로 먹어도 맛이 좋아 포인트 주기엔 그만입니다. 당근은 생으로 사용하는 것보다 삶아서 사용하는 것이 색도 더 선명하고 모양틀로 모양을 내기도 수월합니다. 비트는 붉은 보랏빛의 채소로 색감은 좋으나 금방 물이 들기 때문에 밥이나 흰 어묵 위에는 올리지 않는 게 좋습니다.

과일 꼬치만들기

과일을 꼬치로 만들면 색감도 좋고 여러 가지 과일을 한 번에 먹을 수 있어 좋습니다. 특히 피크닉에 과일 꼬치를 만들어서 가져가면, 손에 과즙이 묻을 염려 없이 편안하게 먹을 수 있는 장점이 있습니다. 다만 과육이 약하여 쉽게 물러지거나 수분이 너무 많아 과즙이 흐르는 과일은 꼬치에 적당하지 않습니다. 과일 꼬치를 만드는 데 좋은 과일은 단감, 방울토마토, 배, 키위, 딸기, 포도, 파인애플, 체리, 오렌지 등이 좋으며 수박이나 사과, 귤, 바나나는 꼬치로 하기에는 좋지 않습니다.

칭찬받는 울자기 도시락

출근길 지하철, 만원 버스, 도심의 꽉 막힌 도로를 헤치고 출근한 자랑스러운 당신.
하지만 식사시간마다 언제나 컵라면에 삼각김밥으로 대충 때운다면?
사랑하는 당신을 위해, 상할 염려 없고 식어도 질리지 않고 맛있는 울자기도시락을 준비했어요.
외식의 유혹과 패스트푸드의 위험을 막아줄 울자기도시락으로 더욱더 건강해지세요.

〈이럴 때 좋아요!〉

다양한 반찬을 맛보고 싶을 때
컵라면이나 삼각김밥으로 대충 식사를 때울 때
합성감미료 듬뿍! 외식이 무서울 때

Happy Lunch Time

닭가슴살버터구이 + 두부조림 + 느타리버섯볶음

〈닭가슴살버터구이〉 닭가슴살 1덩이, 우유 1/2컵, 소금 약간, 후추 약간, 피망 1개, 양파 1/2개, 미니 파프리카 2개, 버터 1술, 맛술 1술

〈두부조림〉 두부 1모, 식용유 2술 [양념장] 고춧가루 2작은술, 다진 마늘 2작은술, 설탕 2술, 간장 5술 [토핑] 다진 파 약간(파란부분), 채 썬 홍고추 약간, 참깨 약간 〈느타리버섯볶음〉 느타리버섯 150g, 쪽파 1개, 당근 1/4개, 홍고추 약간 , 식용유 3술, 소금 1/2작은술, 맛술 2술, 후추 약간, 굴소스 1/2술 〈곁들인 반찬〉 깍두기

닭가슴살버터구이

01 닭가슴살은 우유에 소금, 후추를 넣어 30분 담가놓고 피망, 양파, 미니 파프리카는 먹기 좋게 썬다.

02 닭가슴살의 우유를 따라내고 한번 삶아 익힌 뒤 채소 크기로 썬다.

03 팬에 버터를 녹이고 닭가슴살이 노릇하게 익으면 ①의 채소와 맛술을 넣어 다시 한번 익힌다.

두부조림

01 두부는 먹기 좋게 자르고 [양념장] 재료는 잘 섞어놓는다.

02 팬에 식용유를 두르고 두부를 노릇하게 앞뒤로 익힌다.

03 [양념장]을 오목한 팬에 넣어 끓이다가 반으로 졸아들면 두부를 넣어 끼얹으며 졸인다. 완성 후 [토핑]을 올린다.

느타리버섯볶음

01 버섯은 손으로 찢어 먹기 좋은 크기로 자르고 쪽파, 홍고추, 당근은 채 썰어 놓는다.

02 팬에 ①을 넣고 식용유와 소금, 맛술, 후추를 넣어 볶다가 버섯이 익어갈 쯤 굴소스를 넣는다.

03 한번 더 볶아놓으면 완성이다.

부추전＋제육볶음＋달걀찜

〈부추전〉 밀가루 100g, 후추 약간, 소금 약간, 물 1/2컵, 달걀 1개, 부추, 식용유 약간 〈제육볶음〉 당근 1/4개, 양파 1/4개, 대파 1/2개, 호박 1/6개, 돼지고기 200g [양념장] 고추장 2술, 고춧가루 1술, 올리고당 2술, 후춧가루 약간, 맛술 3술, 참기름 1술, 다진 마늘 2작은술 〈달걀찜〉 달걀 2개, 새우젓·다진 당근·다진 대파·후추·고춧가루 약간씩 〈곁들인 반찬〉 백김치

부추전

01 밀가루에 후추와 소금, 물, 달걀을 넣어 젓는다.

02 부추는 4cm 정도 길이로 잘라 ①에 같이 넣고 부추가 으스러지지 않게 살살 섞는다.

03 달군 팬에 식용유를 두르고 ②를 넣어 얇게 부친다.

제육볶음

01 대파는 어슷썰고 양파와 당근은 채 썬다. 애호박은 적당하게 잘라 준비한다.

02 멀티팬에 고기와 [양념장]을 넣는다.

03 ②를 버무린 뒤 ①을 넣고 센 불로 볶다가 중간 불로 줄여 익힌다.

달걀찜

01 달걀은 알끈을 분리하고 물과 함께 1 : 1로 섞어 체에 한번 내린다.

02 새우젓으로 간을 하고 다진 당근, 다진 대파, 후추, 고춧가루를 넣어 잘 젓는다.

03 중탕할 그릇에 달걀물을 붓고 찜기에 올려 은박지로 뚜껑을 만들어 덮어 준 뒤 찜기 뚜껑을 덮어 약한 불로 10분간 찐다.

하트두부김치 + 감자볶음 + 더덕고추장구이

〈하트두부김치〉 두부 1모, 식용유 6술, 김치 300g, 돼지고기 100g, 참기름 1술, 참깨 약간 〈감자볶음〉 당근 1/4개, 감자 2개, 식용유 3술, 소금 1작은술, 후추 약간 〈더덕고추장구이〉 더덕 3뿌리, 참깨 약간 [양념장] 고추장 2술, 매실 원액 4술

[요리팁] 감자를 물에 담가 전분기를 빼주면 볶을 때 끈적거리지 않습니다.

하트두부김치

01 두부는 납작하게 썬 뒤에 하트 모양틀을 이용해서 하트 모양을 만든다.

02 ①을 식용유 3술을 두른 팬에 노릇하게 지진다.

03 잘게 썬 김치와 고기를 식용유 3술을 두른 팬에 볶는다. 익으면 참기름을 넣어 볶아주고, 참깨를 뿌려 마무리한다.

감자볶음

01 채 썬 당근과 찬물에 20분 정도 담가놓은 채 썬 감자를 준비한다.

02 ①을 팬에 넣고 식용유를 넉넉히 두른 뒤 소금과 후추로 간을 해 볶는다.

더덕고추장구이

01 더덕은 껍질을 제거하고, 반으로 갈라 방망이로 두들겨서 편다.

02 [양념장] 재료를 고루 섞는다.

03 [양념장]을 더덕에 발라 참깨를 뿌린 뒤 달군 팬에서 약한 불로 은근히 굽는다.

고추잡채 + 꼬마맛탕 + 두부찜

〈고추잡채〉 청피망 1개, 청고추 1개, 당근 1/6개, 돼지고기 150g, 후추 약간, 소금 약간, 다진 마늘 1술, 식용유 2술, 고추기름 2술, 굴소스 1술
〈꼬마맛탕〉 고구마 2개, 식용유, 올리고당 1/3컵, 검은깨 약간 〈두부찜〉 두부 1/2모, 부추 2개, 당근 1/6개, 소금 약간, 후추 약간, 녹말가루 1술

[요리팁] 단백질이 풍부한 영양 만점 두부찜은 고소하고 순한 맛 때문에 아이들 밥반찬이나 간식으로 좋습니다.

고추잡채

01 피망과 고추는 반으로 갈라 씨를 제거한 뒤 곱게 채 썰고 당근도 채 썬다. 고기는 후추와 소금을 조금씩 넣어 밑간한다.

02 팬에 다진 마늘과 식용유를 넣어 볶다가 밑간한 고기를 넣고 같이 볶는다. 고기가 익어가면 ①과 고추기름, 굴소스를 넣어 볶는다.

꼬마맛탕

01 고구마는 껍질을 벗기고 작게 깍둑썬다.

02 180도의 기름에 고구마를 넣어 노릇하게 될 때까지 튀긴다.

03 오목한 그릇에 올리고당과 깨를 넣어 섞고, 튀겨낸 고구마를 넣어 버무린다.

두부찜

01 두부는 면보자기에 싸서 부드럽게 으깨고 깨끗이 씻은 부추와 당근은 잘게 다진다.

02 으깬 두부에 다진 부추, 다진 당근, 소금과 후추, 녹말가루를 넣어서 잘 섞는다.

03 모양틀을 이용해서 모양을 낸 후 찜통에 10여분 찐다.

동그랑땡 + 오이크래미 + 어묵볶음

〈**동그랑땡**〉 간 돼지고기 300g, 양파 1/6개, 쪽파 2개, 두부 1/8모, 다진 마늘 2작은술, 후추 약간, 소금 1작은술, 달걀 1개, 밀가루와 식용유 적당량 〈**오이크래미**〉 오이 1개, 크래미 4개, 마요네즈 5술, 무순 약간 〈**어묵볶음**〉 사각어묵 3장, 양파 1/3개, 미니 파프리카 1개 [양념장] 다진 마늘 1술, 간장 3술, 맛술 2술, 올리고당 2술, 식용유 2술

[**요리팁**] 동그랑땡은 은근한 불로 서서히 익혀줘야 색도 곱고 속까지 고루 익습니다. 오이크래미는 술안주나 손님 초대상에 좋은 음식입니다. 식전에 입맛을 돋우는 요리로 사용해도 좋습니다. 어묵볶음에서 칼칼한 맛을 위해 고춧가루를 넣은 경우 쉽게 타기 때문에 중간 불에서 볶아야 합니다.

동그랑땡

01 양파, 쪽파는 다지고, 두부는 물기를 빼고 곱게 으깨서 다진 마늘, 후추, 소금과 함께 고기에 넣고 치댄다.

02 고기는 지름 3～4cm로 너무 두껍지 않게 만들어 밀가루와 달걀물을 입힌다.

03 기름을 넉넉히 두르고 앞뒤로 노릇하게 부친다.

오이크래미

01 오이는 소금으로 깨끗이 씻거나 칼로 껍질 부분의 오돌토돌한 돌기를 깨끗이 제거한다.

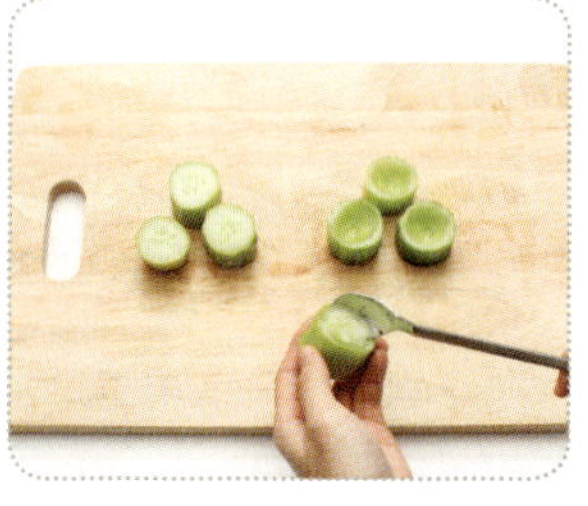

02 2cm 두께로 잘라 티스푼으로 속을 판다.

03 크래미는 잘게 찢어 마요네즈에 버무려 오이 속에 넣고 무순으로 장식한다.

어묵볶음

01 어묵과 파프리카는 먹기 좋은 크기로 자르고 양파는 채 썬다. [양념장] 재료는 잘 버무려 놓는다.

02 팬에 불을 켜고 ①을 모두 넣어 3～5분 정도 센 불에 잘 볶는다.

달걀말이 + 쇠고기장조림 + 감자샐러드

<달걀말이> 달걀 4개, 소금 약간, 후추 약간, 당근 1/8개, 쪽파 1/2개, 김 1/2장, 식용유 1술 <쇠고기장조림> 쇠고기 (장조림용) 150g, 곤약 1/5개, 삶은 달걀 1개 [양념장] 간장 2/5컵, 물 1/2컵, 설탕 5술, 맛술 4술 <감자샐러드> 감자 2개, 당근 약간, 캔 옥수수 1큰술, 적채 약간, 마요네즈 3큰술, 머스터드 1작은술 <곁들인 반찬> 깍두기

[요리팁] 달걀말이는 약불로 천천히 익혀가면서 말아야 찢어지거나 모양이 흐트러지지 않습니다. 쇠고기장조림을 만들 땐 물 양을 간장보다 1.2 ~ 1.5배 정도 넣는 게 좋습니다.

Recipe 1

달걀말이

01 달걀에 소금, 후추로 간을 하고, 당근과 쪽파는 다져서 준비한다.

02 ①을 잘 섞고 기름을 두른 팬에 부치다가 김을 올리고 윗면이 익기 시작하면 돌돌 만다.

Recipe 2

쇠고기장조림

01 쇠고기는 삶아 먹기 좋은 크기로 썰고, 곤약은 85쪽의 팁을 참조하여 모양을 내준다.

02 멀티팬에 [양념장] 재료를 넣고 ①과 삶은 달걀을 넣어 10여분 정도 끓인다.

Recipe 3

감자샐러드

01 감자를 삶아 으깨고, 당근과 적채는 채 썬다. 캔 옥수수는 물기를 빼 준비한다.

02 ①을 볼에 넣고 잘 버무린다.

단호박샐러드 + 감자크로켓 + 멸치볶음

〈단호박샐러드〉 단호박 1/4개, 당근 약간, 건 키위 2개, 마요네즈 3큰술, 머스터드 1작은술 〈감자크로켓〉 감자 2개, 베이컨 1/3개, 마요네즈 1술,
달걀 1개, 빵가루와 밀가루 적당량 〈멸치볶음〉 볶음용 멸치 120g, 간장 2술, 설탕 2술, 포도씨유 5술, 참깨 약간

[요리팁] 단호박샐러드를 만들 때 물엿이 없으면, 설탕이나 꿀을 넣어도 괜찮습니다. 만약 머스터드가 없으면 허니 머스터드를 약간 넣어도 됩니다.
멸치볶음을 만들 땐 팬에서 식히지 말고 통에 옮겨 담아서 식혀야 나중에 팬에 눌러 붙는 것을 방지할 수 있습니다. 달콤한 감자크로켓을 원하면 감
자를 으깰 때 설탕을 조금 넣어도 됩니다.

단호박샐러드

01 찜기에 찌거나 전자레인지에 10분 간 익힌 단호박을 으깨고, 당근은 채 썰어 나머지 재료와 함께 준비한다.

02 볼에 넣고 잘 버무린다.

감자크로켓

01 감자는 삶아 으깨고 베이컨은 잘 게 썰어 마요네즈에 버무린다.

02 경단 모양으로 빚어 밀가루, 달걀 물, 빵가루 순으로 옷을 입힌다.

03 180도의 기름에서 노릇하게 튀 긴다.

멸치볶음

01 팬에 포도씨유, 간장, 설탕 순으 로 넣고, 설탕이 녹을 때까지 보글보글 끓인다.

02 설탕이 다 녹으면 불을 줄이고, 준비된 멸치를 넣어 센 불에서 1분 정도 볶는다.

03 중간 불로 줄여서 노릇하게 될 때까지 볶다가 다 볶아지면 그 위에 깨를 뿌려서 식힌다.

장떡 + 애호박새우젓볶음 + 소시지부침

〈장떡〉 밀가루 100g, 물 4/5컵, 고추장 1큰술, 고춧가루 1술, 풋고추 1개, 식용유 2술 〈애호박새우젓볶음〉 애호박 1/2개, 다진 마늘 2작은술, 새우젓 1작은술, 식용유 2술, 고춧가루 약간, 참깨 약간 〈소시지부침〉 소시지 100g, 식용유 1술 [달걀물] 달걀 1개, 다진 쪽파 1개 〈곁들인 반찬〉 백김치

[요리팁] 애호박새우젓볶음에 새우젓을 넣어 간을 할 땐 한번 맛본 뒤 입맛에 맞게 간을 더하세요.

장떡

01 밀가루에 물을 부어 반죽을 만든 다음 고추장과 고춧가루, 풋고추를 썰어 넣어 반죽을 만든다.

02 달군 팬에 기름을 두르고, 지름 7cm 정도의 먹기 좋은 크기로 부친다.

애호박새우젓볶음

01 호박은 씻은 뒤 반으로 잘라 납작하게 썬다.

02 자른 호박과 다진 마늘, 새우젓, 식용유를 팬에 넣고 볶는다.

03 마늘이 하얗게 익으면 고춧가루를 넣고 다시 살짝 볶다가 참깨를 뿌려 마무리한다.

소시지부침

01 소시지는 납작납작하게 썰고 [달걀물]에 적신다.

02 ①을 기름에 두른 팬에 앞뒤로 지진다.

꽈리고추멸치볶음＋미나리나물＋찹스테이크

〈꽈리고추멸치볶음〉 꽈리고추 100g, 소금 1술, 멸치 120g, 식용유 3술, 고춧가루 1술, 참깨 약간 [양념장] 간장 2술, 올리고당 3술, 맛술 1술 〈미나리나물〉 미나리 200g, 소금 1작은술, 참기름 1술, 참깨 1작은술, 다진 마늘 1술 〈찹스테이크〉 올리브유 2술, 쇠고기(스테이크용) 150g, 허브솔트 약간, 양파 1/4개, 피망 1/2개, 미니 파프리카 2개 [소스] 스테이크소스 2술, 케첩 1술, 후추 약간, 설탕 2작은술, 맛술 1술 〈곁들인 반찬〉 깍두기

Recipe 1 꽈리고추멸치볶음

01 꽈리고추는 소금을 뿌려서 10분 간 절인다.

02 팬에 식용유를 두른 뒤 [양념 장]을 넣어 살짝 끓이다가 멸치를 집어 넣어 볶는다.

03 꽈리고추가 투명해지면 불을 끄고 고춧가루와 참깨를 넣고 버무려 마무리한다.

Recipe 2 미나리나물

01 미나리는 손질해서 깨끗이 씻은 후, 소금물에 살짝 데쳐서 찬물에 헹구어 물기를 짠다.

02 소금으로 간을 한 뒤 참기름과 참 깨, 다진 마늘을 넣어 조물조물 무친다.

Recipe 3 찹스테이크

01 올리브유 1술을 넣은 팬에 쇠고기 를 넣고 허브솔트를 뿌린 뒤 앞뒤로 살짝 초벌구이 한다.

02 ①과 채소를 먹기 좋은 크기로 자른다.

03 ②를 올리브유 1술을 넣은 팬에 넣고 [소스]를 더해 볶는다.

깻잎채소말이 + 알감자조림 + 비엔나소시지볶음

〈깻잎채소말이〉 깻잎 10장, 오이 1/3개, 무순 약간, 맛살 2개, 햄 30g, 당근 1/8개, 김 적당량, 고추냉이 간장 〈알감자조림〉 알감자 200g, 잣 약간, 검은깨 1작은술 [양념장] 간장 4술, 식용유 3술, 올리고당 4술, 맛술 2술 〈비엔나소시지볶음〉 비엔나소시지 20개, 양파 1/3개, 검은깨 약간 [양념장] 간장 2술, 물엿 2술, 고춧가루 1술, 케첩 1술, 맛술 1술, 식용유 2술

깻잎채소말이

01 깻잎은 꼭지를 따놓고, 무순은 씻어 놓는다. 돌려깎기 한 오이와 당근, 햄, 맛살은 5cm 길이로 잘라 채 썬다.

02 깻잎 위에 준비된 채소를 올려 돌돌 말아주고 김으로 띠를 둘러 완성시킨 후 고추냉이 간장에 찍어 먹는다.

알감자조림

01 알감자는 깨끗이 씻은 후 약간의 소금을 넣고 삶다가 익으면 체에 밭쳐 물기를 완전히 뺀다.

02 밑바닥이 둥근 냄비나 팬에 [양념장]을 넣고 끓인다.

03 끈적하게 될 때까지 감자에 양념이 고루 배이도록 조리며 잣과 검은깨를 넣는다.

비엔나소시지볶음

01 비엔나소시지에 칼집을 넣고 양파는 채 썬다. [양념장] 재료를 준비한다.

02 칼집 모양이 나오도록 ①을 볶아 검은깨를 뿌려 마무리한다.

닭가슴살쌈무말이 ＋ 고구마샐러드 ＋ 칠리새우

〈닭가슴살쌈무말이〉 닭가슴살 1덩이, 우유 1/2컵, 소금 약간, 후추 약간, 오이 1/3개, 미니 파프리카 2개, 무순 약간, 쌈무 1팩 〈고구마샐러드〉 고구마 2개, 호두 약간, 마요네즈 5~6술, 머스터드 1작은술 〈칠리새우〉 칵테일 새우 20미, 튀김가루 반죽, 식용유, 스위트칠리소스 1/2컵

닭가슴살쌈무말이

01 닭가슴살은 반으로 갈라 소금, 후추를 더한 우유에 재어 두었다가 우유를 따라내고 삶는다.

02 채소와 삶은 닭가슴살은 썰고, 무순은 깨끗한 물에 두어 번 헹군 뒤 물기를 뺀다. ①은 적당한 길이로 자른다.

03 쌈무 위에 ②를 올려 돌돌 만다.

고구마샐러드

01 고구마는 삶은 뒤 으깨고, 나머지 재료를 준비한다.

02 볼에 넣고 잘 버무린다.

칠리새우

01 칵테일 새우와 걸쭉한 정도의 튀김가루 반죽을 준비한다.

02 칵테일 새우를 튀김가루 푼 물에 묻혀 180도의 기름에 바삭하게 튀긴 뒤 스위트칠리소스에 버무린다.

새싹채소월남쌈＋가지튀김＋애호박채소말이

〈새싹채소월남쌈〉 새싹채소 4가지, 맛살 1개, 라이스페이퍼 6장 〈가지튀김〉 가지 1개, 튀김가루 반죽 적당량, 식용유 〈애호박채소말이〉 애호박 1개, 미니 파프리카 2개, 당근 1/8개, 오이 1/3개, 치커리 50g 〈곁들인 반찬〉 깍두기

[요리팁] 완성된 새싹채소월남쌈에는 살짝 기름을 바르면 마르지 않아 좋습니다. 또한 아몬드 소스, 땅콩 소스, 칠리 소스를 찍어 먹어도 맛있습니다. 가지튀김과 애호박채소말이는 레몬간장이나 양념간장과 함께 먹으면 좋습니다.

Recipe 1 

새싹채소월남쌈

01 새싹채소는 씻고 맛살은 잘라 준비하고 라이스페이퍼는 따뜻한 물에 적셔 놓는다.

02 라이스페이퍼 위에 준비한 것들을 올려 돌돌 말아 한입 크기로 썬다.

Recipe 2

가지튀김

01 가지는 어슷썬다. 되직한 정도로 물을 넣은 튀김가루 반죽을 만들어 놓는다.

02 가지에 튀김가루 반죽을 입혀 180도의 기름에서 튀겨낸다.

Recipe 3

애호박채소말이

01 애호박은 슬라이스용 채칼을 이용해 길게 썰고, 오이, 당근, 파프리카는 채 썬다. 치커리는 깨끗이 씻어 준비한다.

02 애호박은 마른 팬에 약한 불로 익힌다.

03 애호박이 식으면, ①의 채소를 위에 올려서 돌돌 만다.

어묵찜 + 참나물무침 + 오징어채무침

〈어묵찜〉 사각어묵 3장, 깻잎 3장, 크래미 3개 [육수] 멸치 10마리, 대파(흰 부분) 1개, 건다시마 2개, 물 500cc, 간장 3술 〈참나물무침〉 참나물 250g, 소금 1/2작은술, 참기름 1술, 참깨 1작은술, 다진 마늘 1작은술 〈오징어채무침〉 오징어채 500g [양념장] 올리고당 10술, 고추장 3술, 마요네즈 2술, 참기름 2술, 검은깨 2작은술 〈곁들인 반찬〉 백김치

[요리팁] 어묵찜을 먹을 때에는 고추냉이 간장이나 스테이크 소스에 고추냉이를 섞은 소스를 찍어 먹으면 맛있게 즐길 수 있습니다. 참나물을 삶을 때 녹색 채소를 오래 삶으면 금방 물러지니 끓는 물에 넣어 바로 한번 저어주고 재빨리 건져서 찬물에 헹궈야 합니다.

참나물을 삶는 소금물은 물 1리터당 소금 1술입니다.

어묵찜

01 어묵 1장에 깻잎 1장, 크래미를 2개씩 올려 만다.

02 [육수] 재료를 냄비에 넣고 가열한다.

03 ②가 끓으면 건더기를 건지고 ①을 넣어서 3분 정도 더 끓인 후 건져낸다.

참나물무침

01 끓는 소금물에 참나물을 넣어 살짝 데쳐 바로 뺀 뒤 찬물에 헹궈 손으로 물기를 짠다.

02 볼에 담고 소금과 참기름, 참깨, 다진 마늘을 넣어 조물조물 버무린다.

오징어채무침

01 먹기 좋은 길이로 자른 오징어채와 [양념장]을 준비한다.

02 [양념장]을 잘 섞은 뒤 오징어채를 넣어 버무린다.

꼬막찜 + 미역줄기볶음 + 달걀샐러드

〈꼬막찜〉 꼬막 300g [양념장] 달래 5개, 고춧가루 1작은술, 간장 3술, 참기름 1술, 참깨 1작은술 〈미역줄기볶음〉 미역줄기 200g, 다진 마늘 1/2술, 식용유 3술, 양파 1/3개, 당근 1/4개 〈달걀샐러드〉 달걀 3개, 양파 1/3개, 맛살 1/8개, 마요네즈 5술, 머스터드 1작은술

[요리팁] 꼬막찜을 만들 때 달래가 없으면 파의 푸른 부분을 다져서 넣어도 됩니다. 미역줄기볶음을 만들 때 당근을 조금 채 썰어 같이 넣어 볶으셔도 됩니다. 미역을 요리할 때는 파를 같이 넣으면 미역의 좋은 성분이 파괴되므로 넣지 않습니다. 달걀샐러드를 만들 때 달걀을 완숙으로 삶고 싶다면 물이 끓기 시작한 뒤 15분 후에 꺼내면 됩니다.

꼬막찜

01 꼬막은 소금물에 담갔다가 깨끗이 헹군다.

02 소금물에 삶아 체로 건진 뒤 식힌다.

03 꼬막의 윗껍질을 제거하고 [양념장] 재료를 섞어 꼬막 위에 조금씩 올려 완성한다.

미역줄기볶음

01 염장된 미역줄기는 5시간 이상 물에 담가 소금기를 빼고 찬물에 헹구어 물기를 짠다.

02 팬에 ①과 미역, 다진 마늘, 식용유를 넣고 채 썬 양파와 당근을 넣어 볶는다.

달걀샐러드

01 완숙으로 만든 달걀 3개 중 1개의 노른자만 빼놓고 나머지는 다른 재료와 버무린다.

02 빼놓은 노른자 1개를 체로 내려 위에 얹는다.

함박스테이크 + 브로콜리샐러드 + 콘옥수수샐러드

〈함박스테이크〉 간 돼지고기 150g [돼지고기 양념] 스테이크 소스 1술 , 소금 약간, 후추 약간 , 볶은 양파 1/4개, 우유 2술과 빵가루 3술을 합친 것 [소스] 스테이크 소스 3술, 케첩 2술, 물 5술, 설탕 1술, 캔 완두콩 2술, 양송이버섯 3개 〈브로콜리샐러드〉 브로콜리 1/4개, 콜리플라워 1/4개, 크래미 2개, 당근 약간, 캔 옥수수 2술, 마요네즈 3큰술, 후추 약간 〈콘옥수수샐러드〉 캔 옥수수 5술, 캔 완두콩 2술, 미니 파프리카 1/2개, 마요네즈 3큰술, 피클국물 1술 〈곁들인 반찬〉 피클

[요리팁] 함박스테이크를 만들 때 돼지고기와 쇠고기를 섞어 만들면 더욱 맛있습니다.

함박스테이크

01 돼지고기에 [돼지고기 양념]을 넣어 오래 오래 치댄다.

02 ①을 동그랗고 도톰한 모양으로 만들어 기름을 두른 팬에 굽는다.

03 [소스] 재료를 멀티팬에 넣고 살짝 끓여 ②에 곁들인다.

브로콜리샐러드

01 브로콜리와 콜리플라워는 한입 크기로 잘라 소금을 1작은술 정도 넣은 물에 데치고 나머지 재료를 준비한다.

02 젓가락이나 샐러드용 숟가락으로 모양이 으스러지지 않게 잘 버무린다.

콘옥수수샐러드

01 모든 재료를 준비한다. 이때 캔 옥수수는 물기를 빼서 준비한다.

02 젓가락이나 샐러드용 숟가락으로 모양이 으스러지지 않게 잘 버무린다.

건강지킴이 계절도시락

설레는 봄, 만물이 생동하는 여름, 떠나고 싶은 가을, 정리와 출발의 계절 겨울.
반복되는 사계절처럼 매번 같은 반찬만으로 도시락을 싸신다고요?
제철음식으로 잃어버린 입맛 돋워주고 영양분은 고스란히 섭취할 수 있는 계절도시락,
지금부터 시작해보세요.

<이럴 때 좋아요!>

제철 요리로 건강해지고 싶을 때
값이 싼 제철 식품으로 도시락을 싸고 싶을 때
계절 탓인지 통 입맛이 없을 때

Happy Lunch Time

쑥전 + 두릅전

〈쑥전〉 쑥 50g, 물 3/5컵, 밀가루 100g, 소금 1작은술, 식용유 2술 〈두릅전〉 부침가루 50g, 두릅 1개(잎 부분), 식용유 2술 〈곁들인 반찬〉 물김치, 오징어젓갈

쑥전

01 쑥은 물을 조금 넣어 믹서기에 곱게 간다.

02 쑥물에 밀가루를 넣어 너무 질지 않게 반죽하고 소금을 넣어 간한다.

03 팬에 기름을 두르고 반죽을 한 큰술씩 올린 뒤 쑥잎을 올려 부친다.

두릅전

01 부침가루에 물을 넣어 걸쭉하게 반죽한다.

02 팬에 기름을 두르고, 반죽을 한 큰술씩 올려 동그랗게 모양을 잡고 두릅 잎을 올려 장식한다.

🍎 Tip LunchBox!

》쑥은

따뜻한 성질을 가진 쑥은 봄에 나는 나물입니다. 몸이 냉한 사람에게 좋으며, 여성의 냉증, 생리통에 좋습니다. 지혈 효과가 있어 코피가 자주 나는 사람에게 특히 좋습니다. 비타민A, B, C가 함유되어 있어 위장을 튼튼하게 만들어주고, 천식, 부종에도 효과가 있습니다. 팔방미인 쑥은 약재로도 많이 쓰이지만, 예전부터 주전부리로 많이 만들어져 왔습니다. 쑥개떡, 쑥비무리, 인절미, 쑥국 등 다양한 요리는 예부터 쑥의 효능을 일상 속에서 활용하고 즐겼던 조상들의 지혜를 보여줍니다.

》두릅은

따사로운 햇살에 꾸벅꾸벅 잠이 오는 봄, 두릅은 춘곤증을 이기는 데 좋은 나물입니다. 특히 당뇨에 좋으며, 신경통, 두통, 어지럼증에 좋습니다. 또한 비타민B1, 비타민C, 칼슘과 칼륨이 풍부하고, 빈혈과 변비, 열이 많은 사람에게 좋습니다. 하지만 타닌이 들어 있어 과다복용하면 좋지 않으니 주의하세요. 두릅은 주로 데쳐서 초장에 찍어 먹거나 생으로 먹지만, 튀김이나 전으로 먹으면 색다른 맛을 즐길 수 있습니다.

돌나물

돌나물 100g [초장] 설탕 2술, 식초 3술, 고추장 2술 〈곁들인 반찬〉 데친 두릅, 아스파라거스, 브로콜리

[요리팁] 초장은 기호에 따라, 참깨나 다진 마늘을 조금 넣어도 좋습니다.

돌나물

01 돌나물은 깨끗이 씻고, 한입 크기
만큼 손으로 자른다.

02 [초장] 재료를 잘 섞어 만든다.

03 ①을 ②와 곁들여 먹는다.

Tip LunchBox!

》 돌나물은

돌나물은 흔히 우리가 돈나물, 돗나물로 잘못 알고 있습니다. 돌나물은 비타민A, C와 칼슘이 풍부하여 항암작용에도 좋은 것으로 알려져 있습니다. 또한 피를 맑게 하고, 살균과 소염작용도 합니다.

》 손질하기

돌나물은 쉽게 물러집니다. 잘못하면 풋내가 나기도 하기 때문에 물을 받아 놓고 살랑살랑 흔들어 씻거나 체에 받쳐 흐르는 물에 헹구는 정도로 씻는 것이 좋습니다. 만약 돌나물을 사용하고 남았다면 밀폐용기에 담아 냉장고에 보관하면 3일 정도 먹을 수 있습니다.

》 도시락 싸기

돌나물은 바로 먹지 않으면 나중에 물러져 두고 먹기에 좋지 않습니다. 돌나물로 도시락을 쌀 때 가장 좋은 방법은 버무리지 않고 양념장을 따로 싼 다음 먹기 직전 섞어 먹도록 하는 것이 좋습니다. 또 도시락에 반찬으로 밀폐용기에 담아서 주되 큰 통에 넉넉한 여분이 남도록 담아줘야 합니다. 작은 통에 꾹꾹 눌러 담으면 쉽게 물러지기 때문입니다.

냉이고추장무침 + 세발나물무침

<냉이고추장무침> 냉이 100g [양념장] 매실 원액 2술, 참깨 2작은술, 고추장 2큰술, 참기름 2술

<세발나물무침> 세발나물 100g [양념장] 다진 마늘 2작은술, 설탕 2술, 간장 1술, 식초 3술, 맛술 1술 <곁들인 반찬> 겉절이

냉이고추장무침

01 냉이는 손질하여 소금물에 데치고 찬물에 헹궈 물기를 꼭 짠다.

02 [양념장] 재료를 잘 섞는다.

03 ②를 ①에 넣어 무친다.

세발나물무침

01 세발나물은 깨끗이 씻어 물기를 뺀다.

02 [양념장] 재료를 잘 섞어 ①에 부은 뒤 젓가락으로 버무린다.

고사리녹두전 + 백김치

〈고사리녹두전〉 녹두30g, 쌀 30g, 고사리 30g, 숙주10g, 쪽파 2개, 간 돼지고기 30g, 소금 1작은술, 후추 약간, 식용유 2술

〈백김치〉 무 1/4개, 배 1/4개, 쪽파 7개, 당근 1/4개, 배추 겉잎 15장 [절임액] 찹쌀풀 1컵, 조미료 1/2작은술, 설탕 2술, 채 썬 생강 5g, 다진 마늘 1술, 소금 1큰술 〈곁들인 반찬〉 오징어강회, 우엉조림

고사리녹두전

01 녹두와 쌀은 물에 3시간 정도 불린다.

02 ①을 믹서기에 넣고 물을 조금만 넣어 간다.

03 고사리와 숙주는 끓는 물에 데쳐 1~3cm 길이로 자르고 쪽파도 같은 길이로 자른다. 그 외 소금, 후추, 돼지고기를 준비한다.

04 ②와 ③을 잘 섞어 반죽을 만든다.

05 팬에 기름을 두르고 노릇하게 부친다.

백김치

01 무, 배, 당근은 채 썰고, 쪽파는 비슷한 길이로 자른다. 배추는 하룻밤 소금물에 절여 놓는다.

02 [절임액]을 잘 섞어 ①의 채소를 양념한다.

03 배추에 ②를 넣고 돌돌 말아 소금물에 넣어 숙성시킨다.

달래간장을 곁들인 굴밥

굴 100g, 쌀 150g [달래간장] 간장 3술, 참기름 1술, 달래 15g, 고춧가루 1작은술, 참깨 1작은술

〈곁들인 반찬〉 톳전, 콩자반, 파래무침, 겉절이

달래간장을 곁들인 굴밥

01 찬물에 씻은 굴과 10분 정도 불린 쌀을 준비한다.

02 밥을 짓다가 뜸 들이기 직전에 굴을 넣는다.

03 [달래간장] 재료를 준비해 잘 섞는다.

04 ②가 완성되면 ③을 곁들여 먹는다.

Tip LunchBox!

》 달래는

간에 기운을 주는 식재료입니다. 단백질과 비타민, 칼슘과 인, 철분 등이 풍부하여 눈을 맑게, 몸을 편안하게 만들어주는 효과가 있습니다. 또한 바다의 우유라 불리는 굴은 마그네슘, 망간, 아연, 타우린이 풍부하며 영양결핍 및 건강회복에 좋은 식재료입니다. 성인병 예방, 스테미너 증진, 피부미용에 좋은 굴은, 특히 발육과 학습능력 향상에 효과가 좋고, 소화흡수가 뛰어나 성장기 어린이들에겐 최고의 영양식품입니다.

》 응용하기

달래는 초무침이나 전을 만들어 먹거나 된장찌개에도 넣어 먹어도 아주 좋습니다. 달래의 매콤한 맛은 봄철 잃은 식욕을 돋워 입맛을 살려줍니다. 또한 굴은 생으로 먹거나 숙회, 굴전, 죽, 각종 국(된장국, 미역국, 매생이국)에 넣어서도 응용이 가능합니다.

》 도시락 싸기

굴밥은 그냥 통에 담아도 되지만 곁들여 먹는 달래간장처럼 국물이 있는 것을 싸줄 때는 밀폐가 잘 되는 통에 담는 것이 중요합니다. 일반 통보다는 트위스트 뚜껑으로 되어 있는 원통형의 통에 싸주는 게 샐 염려가 없습니다. 그런 다음 일회용 비닐팩에 넣어주면 샐 걱정 없고 냄새도 덜 나서 좋습니다.

해초샐러드＋미역샐러드＋쌈다시마말이

〈해초샐러드〉 해초샐러드 100g 〈미역샐러드〉 건미역(냉국용 미역) 150g, 무 1/8개 [양념장] 식초 2술, 설탕 1술, 간장 1술, 참깨 2작은술 〈쌈다시마말이〉 오이 1/3개, 당근 1/4개, 맛살 1개, 새싹채소 40g, 미니 파프리카 1개, 쌈다시마 10장 〈곁들인 반찬〉 단호박샐러드

해초샐러드

01 시중에 파는 해초샐러드는 체에 밭쳐 물기를 뺀다.

02 접시에 소복히 담아 먹는다.

미역샐러드

01 건미역은 10분 정도 물에 불려 깨끗이 헹군 뒤 물기를 짠다.

02 미역은 짤막짤막하게 자르고 무는 길게 채 썬다.

03 [양념장] 재료를 잘 섞어 미역과 무를 넣어 살살 버무린다.

쌈다시마말이

01 맛살은 3등분으로 길게 자르고 당근과 돌려깎기한 오이는 채 썬다.

02 새싹채소는 찬물에 헹구어 체에 밭쳐 물기를 뺀다.

03 너비 5cm, 길이 10cm로 자른 쌈다시마 위에 ①과 ②를 올리고 돌돌 만다. 미니 파프리카로 만든 파프리카 링으로 고정한다.

진달래화전 + 메밀전병

〈진달래화전〉 진달래 1송이, 찹쌀가루 200g, 딸기 분말 1술, 올리고당 적당량, 식용유 3술 〈메밀전병〉 부침용 메밀가루 80g, 김치 겉잎 1장 〈곁들인 반찬〉 호두땅콩강정, 새싹샐러드

〈요리팁〉 진달래화전에는 올리고당 대신 물엿, 꿀을 발라 먹어도 좋습니다.

진달래화전

01 찹쌀가루에 소금을 더해 간을 한다. 이때 복분자 분말을 더해 색을 내도 좋다.

02 찹쌀가루는 뜨거운 물을 부어 질척거리지 않게 익반죽한다.

03 반죽은 지름 4cm, 두께 0.7cm 정도로 빚는다.

04 반죽 위에 진달래 꽃잎을 올리고 기름을 넉넉히 두른 팬에 약한 불로 지진다.

05 뒤집지 않고 팬의 기름을 끼얹어서 익힌 뒤 올리고당을 발라 완성한다.

메밀전병

01 부침용 메밀가루를 되직하게 반죽한다.

02 김치는 물에 헹구어, 꼬옥 짠 뒤에 다져서 준비한다.

03 기름을 두른 팬에 5cm 정도 지름으로 한 수저씩 떠서 얹은 후 ②를 올리고 반으로 접어 앞뒤로 노릇하게 익힌다.

오이냉국

미역 30g, 오이 1개 [냉국] 생수 6컵, 설탕 1컵, 소금 2큰술, 식초 1/2컵, 참깨 약간, 미림 1컵

[요리팁] 냉국에 들어가는 설탕과 식초의 농도는 본인의 입에 맞게 넣으면 됩니다. 완성된 오이냉국은 냉장고 넣어 시원하게 먹으면 맛있습니다.

오이냉국

01 미역은 물에 담가 불린다.

02 오이는 깨끗이 씻어 썬다.

03 [냉국] 재료를 섞어 녹을 때까지 젓는다.

04 ①과 ②를 한 그릇에 담고 ③을 부어 잘 섞는다.

Tip LunchBox!

≫ 오이냉국은

오이는 피부를 맑고 희게 하는 성분이 있어, 미용재료로도 많이 쓰이고 있습니다. 실제로 오이는 건조한 피부나, 여드름 피부, 땀띠에도 좋습니다. 팔방미인 오이는 갈증해소와 숙취해소에 효과가 있고 몸 안의 노폐물을 밖으로 빼내는 데도 탁월합니다.

≫ 활용하기

등산 갈 때 오이를 가지고 다니면서 먹으면 갈증해소에도 도움이 되고 기분도 상쾌해집니다. 오이는 그냥 먹거나 무쳐서 먹어도 좋고, 오이선이나 오이소박이를 만들어 먹어도 좋습니다. 생으로 먹을 땐 소금으로 문질러 씻거나 칼로 표면을 긁어내 오돌토돌한 부분을 제거하여 먹습니다.

≫ 도시락 싸기

오이냉국처럼 국물이 있는 반찬이나 국은 국전용통을 이용하거나 돌려서 닫는 트위스트 뚜껑이 있는 용기를 사용하는 게 좋습니다. 또 보온병을 사용하면 오이냉국의 시원함이 오래가기 때문에 좋습니다.

수박나물

수박껍질 200g [절임장] 소금 1술, 설탕 1술 [양념장] 고춧가루 1술, 쪽파 1/2개, 다진 마늘 1작은술, 식초 2술, 설탕 약간, 소금 약간
〈곁들인 반찬〉 무말랭이, 총각김치, 메추리알아스파라거스조림

수박나물

01 수박의 빨간 부분을 잘라낸다.

02 ①을 도마 위에 뒤집어 놓고 칼로 겉껍질을 조각내서 잘라낸다.

03 ②의 하얀 속살을 납작하게 채 썰고 [절임장] 재료를 넣어 절인다.

04 10여분 지난 후 물에 헹군 ③을 면보자기에 싸서 물기를 짠다.

05 [양념장] 재료를 섞어 버무리고 소금으로 간한다.

 Tip LunchBox!

≫ 수박나물은

수박껍질에는 비타민B가 있어 피부미용에 좋습니다. 특히 이뇨작용에 탁월하여 신장질환과 부종에 좋습니다.

≫ 응용하기

부피가 큰 수박껍질은 여름철 음식물 쓰레기 중 골칫거리가 아닐 수 없습니다. 이럴 때 수박껍질을 이용한 요리를 만들어봅시다. 주로 나물처럼 무쳐 먹는 수박껍질은 된장찌개에 넣어 먹어도 좋습니다.

≫ 도시락 싸기

도시락으로 쌀 땐 국물은 넣지 말고 수박껍질만 싸야 합니다. 놔두면 저절로 국물이 생기는 반찬이기 때문에 밀폐력이 좋고 칸이 따로 구분되어 국물이 넘어가지 않는 용기에 싸주는 게 좋습니다.

닭가슴살채소말이

닭가슴살 1덩이, 우유 1/2컵, 소금 약간, 후추 약간, 양파 1/4개, 청피망 1/4개, 당근 1/4개, 달걀 1개 〈곁들인 반찬〉 깍두기, 샐러드

[요리팁] 닭가슴살을 마는 과정에서 고정이 잘되지 않으면 꼬치나 실을 이용해서 고기를 고정합니다.

닭가슴살채소말이

01 닭가슴살은 소금과 후추를 더해 우유에 30분 정도 담가 비린내를 제거한다.

02 얇게 저며 넓게 편다.

03 피망은 반으로 갈라 씨를 제거하고 5cm 길이로 채 썬다. 양파, 당근도 같은 길이로 자른다.

04 달걀은 노른자와 흰자를 분리하여 지단을 붙여 채소와 같은 길이로 채 썬다.

05 닭가슴살 위에 준비한 채소와 지단을 올리고 돌돌 말아주고 끝부분에는 전분을 바른다.

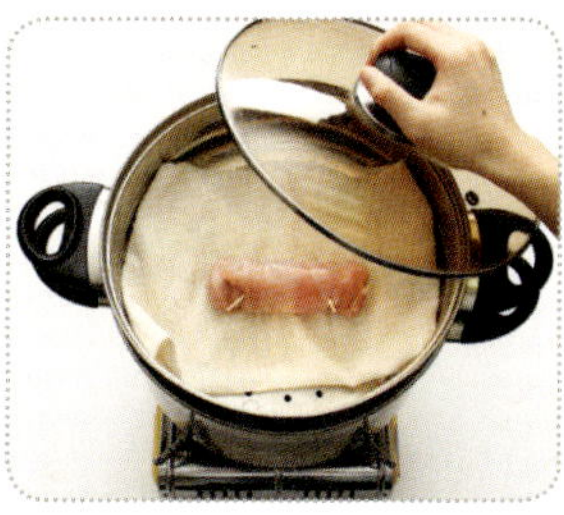

06 찜기에 올려 15분 동안 찐다.

수삼무침

수삼 150g, 검은깨 약간 [양념장] 고추장 2술, 식초 4술, 설탕 2술, 고춧가루 1술 〈곁들인 반찬〉 취나물무침, 매실장아찌, 오이소박이

수삼무침

01 수삼은 찬물에 담가 행주로 살살 닦는다.

02 2mm 두께로 어슷하게 썬 다음 [양념장]을 넣어 살살 버무리고 검은깨를 뿌려 마무리한다.

Tip LunchBox!

》 인삼은

우리가 알고 있듯이 몸에 좋은 성분이 아주 많이 들어 있습니다. 강장효과, 성기능부전에 대한 효과, 고혈압과 동맥경화, 빈혈, 당뇨, 간기능 부전에 대한 효과, 숙취해소에 대한 효과뿐만 아니라 특히 항암작용이 뛰어난 사포닌이 함유되어 있습니다.

》 활용하기

인삼은 주로 한약재로 많이 쓰이고 있습니다. 요리에 있어서도 삼계탕, 오리탕 등 보양음식에 들어갑니다. 요즘에는 값 싼 삼도 많이 나오기 때문에 튀김이나 무침 등의 요리법으로도 인삼을 접

할 수 있게 되었습니다.

》 도시락 싸기

인삼은 신문지에 하나하나 싸서 밀폐봉지에 넣은 후 냉동고에 넣어 보관하면 오래 두고 먹을 수 있습니다. 삼을 사용할 땐 껍질을 벗기지 말고 흙만 씻어내어 조리하는 게 좋습니다.

도토리묵무침 + 단호박밥

<도토리묵무침> 도토리묵 1/2모, 동부묵 1/2모, 쑥갓 50g [양념장] 고춧가루 2작은술, 다진 파 1술, 참깨, 간장 5술, 참기름 1술 <단호박밥> 단호박 200g, 흑미 30g, 쌀 15g0, 콩 30g <곁들인 반찬> 열무김치, 무짠지

[요리팁] 단호박을 손질할 때 뚜껑은 칼을 45도 각도로 넣어 도려내는 게 안전합니다. 1인분으로 즐기고 싶을 땐 미니 단호박으로 요리하면 좋습니다.

도토리묵무침

01 도토리묵은 묵칼이나 쿠키틀을
이용해서 한입 크기로 잘라 준비한다.

02 [양념장] 재료를 잘 저어 섞는다.

03 묵과 깨끗이 씻은 쑥갓을 곁들여
양념장과 함께 내놓는다.

단호박밥

01 단호박은 뚜껑을 제거하고 속을
파내 전자레인지에서 8분간 돌린다.

02 흑미와 쌀, 콩을 섞어 지은 밥을
반으로 자른 단호박 속에 넣는다.

03 단호박은 은박지로 감싸 찜기에
서 5분간 찐다.

시래기볶음 + 파래전

〈시래기볶음〉 시래기 300g, 참깨 약간 [양념장] 국간장 1술, 된장 2술, 다진 마늘 1술, 들기름 1술, 고춧가루 약간, 다진 파 1술, 식용유 3술

〈파래전〉 파래 1덩이, 밀가루 200g, 소금 1작은술, 홍고추 1개 〈곁들인 반찬〉 호박나물, 김치

[요리팁] 파래전의 반죽은 너무 묽지 않게 반죽합니다.

시래기볶음

01 말린 시래기는 물에 담가 불린 뒤 질긴 겉껍질을 벗겨낸다.

02 시래기에 양념장을 버무린다.

03 팬에 식용유를 넣어 달군 뒤에 양념장에 버무린 시래기를 볶아 참깨를 뿌려 마무리한다.

파래전

01 파래는 찬물에 헹구어 체에 밭쳐 물기를 뺀다.

02 밀가루에 파래를 넣은 뒤 걸쭉한 정도로 물을 더해 소금을 넣고 반죽한다.

03 반죽을 달군 팬에 4cm 너비로 부치고 홍고추로 장식한 뒤 앞뒤로 익혀 준다.

황태구이 + 뱅어포구이

〈황태구이〉 황태포 1개 [양념장] 고추장 5술, 참기름 1술, 올리고당 4술, 매실 원액 2술, 간장 1술, 다진 마늘 1술, 쪽파 1/2개, 홍고추 1개, 참깨 약간 〈뱅어포구이〉 뱅어포 1개, 참깨 약간 〈곁들인 반찬〉 굴전, 마늘양파장아찌

[요리팁] 양념장을 바른 황태는 잘 타기 때문에 타지 않게 약한 불에 구워주세요. 뱅어포는 칼슘이 풍부하여 성장기 어린이들에게 좋은 식품입니다.

황태구이

01 황태포는 머리는 잘라내고, 물에 10분 정도 담갔다가 빼서 물기를 뺀다.

02 [양념장] 재료를 잘 섞는다.

03 황태포에 [양념장]을 발라 10분 간 재어놓은 다음 팬이나 그릴에 굽는다.

04 송송 썰은 쪽파와 참깨, 고추를 올려 완성한다.

뱅어포구이

01 팬에 뱅어포를 바삭 굽는다.

02 알맞은 크기로 잘라 접시에 놓은 뒤 〈황태구이〉의 [양념장]을 바르고 참깨를 뿌린다.

푸짐해서 든든한 일품 도시락

특별해지고 싶다면, 주목 받고 싶다면,
신경 쓴 티 팍팍 나는 일품도시락을 만들어 보는 건 어떨까요.
푸짐하게 먹는 일품도시락은 주위 동료나 친구들과 함께 먹으면 더욱 좋답니다.
누군가에게 사랑과 정성을 표현하고 싶다면 망설이지 말고 일품도시락을 싸주세요.

〈이럴 때 좋아요!〉
여러 가지 반찬을 만들기 귀찮을 때
푸짐한 도시락을 뽐내고 싶을 때
남들과 함께 나눠 먹고 싶을 때

Happy Lunch Time

튀김정식

〈**해물튀김**〉 대하 4미, 오징어 1마리, 생선포 2개, 밀가루·달걀물·튀김가루 적당량 〈**채소튀김**〉 깻잎 4장, 당근 1/8개, 양파 1/4개, 고구마 1/3개, 부침가루 80g, 물 3/5컵 〈**통째튀김**〉 깻잎 4장, 고구마 2/3개, 연근 40g, 튀김 반죽, 복분자 가루 2작은술

[요리팁] 대하는 두 번째 마디에 이쑤시개를 꽂아 넣어 내장을 제거한 뒤 사용합니다. 튀김 반죽은 부침가루에 얼음물이나 찬물을 섞어 반죽하되 거품기를 사용하지 않고 젓가락을 사용하여 살살 갭니다.

튀김 준비 – 해물튀김

01 대하는 머리와 꼬리를 떼지 않고 몸통 부분의 껍질만 제거하여 내장을 빼서 준비한다.

02 오징어는 내장을 제거하여 동그랗게 썰어 놓는다.

03 생선포와 ①, ②를 밀가루, 달걀물, 튀김가루 순으로 묻혀 놓는다. 이때 대하는 머리와 꼬리를 제외한 부분만 반죽을 묻힌다.

튀김 준비 – 채소튀김, 통째튀김

01 〈채소튀김〉의 재료를 준비해 썰어 놓는다.

02 튀김 반죽에 넣고 잘 섞는다.

03 〈통째튀김〉의 고구마와 연근은 납작하게 썰어서 준비하고 깻잎과 복분자 가루를 준비한다.

튀기기

01 〈해물튀김〉은 180도로 예열한 기름에 튀긴다.

02 〈채소튀김〉은 주걱에 적당량을 올린 뒤 숟가락으로 밀어 기름에 넣고 튀긴다.

03 〈통째튀김〉은 튀김 반죽을 입혀 튀긴다. 이때 연근은 복분자 가루를 섞은 튀김 반죽을 묻혀 튀긴다.

LA갈비

갈비 4대 [양념장] 간장 1/3컵, 올리고당 10술, 후추 1/2술, 참기름 2술, 참깨 1술, 다진 마늘 2술, 맛술 5술, 양파 1/4개 , 당근 1/8개, 배 1/4개 〈곁들인 반찬〉 쌈채소겉절이, 백김치

LA갈비

01 갈비는 찬물에 1시간 정도 담가 핏물을 뺀다.

02 [양념장] 재료를 준비한다.

03 배, 양파, 당근은 갈아 나머지와 잘 섞는다.

04 ③에 ①을 재어 1시간가량 둔다.

05 양념이 밴 갈비는 양념을 끼얹어 가며 팬에서 굽는다.

 Tip LunchBox!

≫ 응용하기

쇠고기에 배를 넣으면 고기가 연해지고 단맛과 감칠맛이 납니다. 돼지고기에는 매실액이나 사과를 넣으면 잡내를 없애는 데 좋습니다. 갈비찜을 할 때는 위의 양념에 물이나 육수를 더 넣어 갈비찜 양념으로 사용해도 좋습니다.

≫ 남은 반찬은

식은 고기는 전자레인지에 살짝 돌려먹거나, 음식 위에 은박지를 올려 뜨거운 물을 살짝 부어서 따끈하게 데운 다음에 먹어도 좋습니다. 또 밥을 뜨겁게 데운 뒤 밥 아래 고기를 깔아두었다가 따끈해지면 덮밥처럼 먹어도 좋습니다. 고기를 잘게 썰어 볶음밥 양념으로 만들어 먹으면 버리지 않고 충분히 새로운 음식으로 맛볼 수 있습니다.

전복조림

전복 3미, 연근 40g, 마늘종 4개, 곤약 1/8개 [양념장] 간장 3술, 올리고당 4술, 맛술 1술, 식용유 3술 〈곁들인 반찬〉 오이, 쌈장

전복조림

01 전복 밑부분은 솔로 깨끗이 씻은 뒤 수저를 이용해 껍질과 분리한다.

02 내장과 이빨을 제거하고 칼집을 넣는다.

03 연근은 얇게 썰고 마늘종은 4cm 길이로 자른다. 곤약은 팁을 참고해 타래 모양으로 만든다.

04 연근을 삶아 놓는다.

05 [양념장]에 ④를 넣고 끓이다가 자박하게 졸면 전복과 곤약을 넣는다.

06 마지막에 마늘종을 넣고 한 번 더 끓인다.

Tip LunchBox!

》 곤약 타래 모양으로 만들기

① 곤약을 알맞은 크기로 썰어 가운데에 칼집을 낸다.

② 한쪽 끝을 잡고 칼집을 벌려 그 사이에 집어넣는다.

③ 그대로 빼면 타래 모양이 완성된다.

》 전복은

전복은 예로부터 보신을 하기 위해 많이 먹었습니다. 또한 단백질과 비타민이 풍부해 자양강장, 허약체질 개선, 특히 시신경 피로에 뛰어난 효능을 보이고 고혈압과 당뇨에도 효능이 있습니다.

두부보쌈

돼지고기 200g, 된장 1큰술, 후추 약간, 맛술 3술, 흰 두부 1/2모, 검은콩 두부 1/2모, 쌈채소 100g, 쌈장 2큰술, 검은깨 약간
〈곁들인 반찬〉 배추김치
[요리팁] 돼지고기는 보쌈용으로 삼겹살이나, 목살, 전지 중에서 선택해서 사용합니다.

두부보쌈

01 돼지고기는 된장, 후추, 맛술을 넣어 삶는다.

02 고기가 익으면 꺼내 식혀준 뒤에 적당한 크기로 자른다.

03 두부는 끓는 물에 한번 데쳐 고기와 비슷한 크기로 자른다.

04 쌈채소는 다듬어 물기를 뺀다.

05 그릇에 보기 좋게 ②, ③, ④를 놓고 쌈장을 곁들인다.

 Tip LunchBox!

≫ 컬러 두부는

콩으로 만든 두부는 고기 대신 먹어도 좋을 만큼 단백질이 풍부하여 다이어트 식품으로 널리 알려져 있습니다. 요즘은 두부도 컬러푸드의 대세를 따라 검은콩으로 만든 까만 두부나 초록색의 쑥 두부, 단호박을 넣은 주황색 두부 등 다양한 두부를 쉽게 볼 수 있게 됐습니다. 이외에도 치자물을 들인 노란 두부, 검은 깨를 넣은 점박이 두부 등, 컬러 두부는 화려한 도시락을 쌀 수도 있고, 가격이 저렴하고 살 찔 염려가 없기 때문에 여성의 도시락 반찬으로 안성맞춤이랍니다.

산채비빔밥

밥 1인분, 고추장 적당량 〈가지나물〉 가지 1개 [양념장] 참기름 1술, 참깨 1작은술, 다진 마늘 1작은술, 쪽파 1개, 소금 1작은술 〈고사리나물〉고사리 100g [양념장] 쪽파 1개, 참깨 1작은술, 다진 마늘 1작은술, 국간장 1술, 식용유 1술, 소금 1/2술 〈호박나물〉 호박 1/2개 [양념장] 참깨 1작은술, 다진 마늘 1작은술, 식용유 1술, 소금 1/2술 〈도라지나물〉 도라지 200g [양념장] 다진 마늘 1작은술, 참깨 약간, 식용유 1술, 소금 약간 〈콩나물무침〉 콩나물 100g [양념장] 참기름 1술, 다진 마늘 1작은술, 참깨 1작은술, 소금 1/2술 〈시금치나물〉 시금치 100g [양념장] 참기름 1술, 다진 마늘 1작은술, 참깨 1작은술, 소금 1/2술 〈달걀지단〉 달걀 1개, 식용유 적당량

가지나물

01 가지는 5cm 정도 길이로 길게 자른다.

02 소금을 넣은 물에 데쳐서 껍질이 갈색으로 변하면 건져내 식힌다.

03 가지가 식으면 물기를 짜고 [양념장]을 넣어 무친다.

고사리나물

01 물에 불린 고사리는 물기를 짠다.

02 [양념장]을 준비한다.

03 [양념장]을 넣고 주물러 양념이 배게 한다.

04 달군 팬에 볶는다.

호박나물

01 호박은 채 썬다.

02 [양념장]을 준비한다.

03 ①과 ②를 넣고 팬에 볶는다.

도라지나물

01 도라지는 소금물에 담가 떫은맛
을 없앤다.

02 [양념장]과 식용유를 준비한다.

03 ①과 ②를 넣고 팬에 볶는다.

콩나물무침

01 콩나물은 손질 후 소금물에 뚜껑
을 덮어 삶고 물기를 빼 식힌다.

02 [양념장]을 준비한다.

03 ①에 ②를 넣고 버무린다.

시금치나물

01 시금치는 손질 후 소금물에 살짝 데쳐내고 찬물에 빨리 헹궈 물기를 짠다.

02 [양념장]을 준비한다.

03 ①에 ②를 넣고 버무린다.

달걀지단

01 흰자와 노른자를 분리해서 따로 팬에 부친다.

02 지단을 적당한 길이로 길게 썬다. 모든 나물과 지단을 밥 위에 얹어 고추장을 곁들여 먹는다.

03 혹은 달걀프라이를 만들어 곁들여도 괜찮다.

모듬전정식

〈깻잎전 + 고추전 + 표고버섯전〉 깻잎 2장, 고추 1개, 표고버섯 2개, 동그랑땡 반죽·밀가루·달걀물·식용유 적당량

〈산적 + 생선전 + 애호박전〉 생선포 2개, 애호박 1개, 밀가루·달걀물·식용유 적당량 [산적 재료] 맛살·햄·새송이버섯·삶은 우엉·쪽파 적당량

[요리팁] 전에 들어가는 반죽은 26쪽 〈동그랑땡〉을 참조하세요. 오징어땡을 만들 때 1번 과정처럼 휴지로 닦듯 밀어내며 껍질을 벗기면 훨씬 깔끔하게 잘 벗겨진답니다.

깻잎전 + 고추전 + 표고버섯전

01 깻잎은 동그랑땡 반죽을 한쪽에 고루 펴고 반으로 접는다. 반으로 자른 고추와 표고버섯은 속에 밀가루를 바르고 반죽을 넣어 채운다.

02 깻잎은 앞뒤 모두, 고추와 표고버섯은 반죽이 들어간 쪽만 밀가루와 달걀물 순으로 묻힌다.

03 기름을 두른 팬에 깻잎전을 뒤집어가며 부친다. 고추전과 표고버섯은 반죽 부분을 밑으로 하여 기름을 끼얹어가며 부친다.

산적 + 생선전 + 애호박전

01 산적 재료는 1cm 두께, 4~5cm 길이로 자른 다음 꼬치에 꽂아 만든다. 생선포는 소금과 후추로 밑간을 하고 애호박은 0.5cm 두께로 썰어 놓는다.

02 생선포와 애호박은 밀가루와 달걀물을 앞뒤로 고루 묻히고, 산적은 한 면만 묻혀 준비한다.

03 기름을 두른 팬에 뒤집어가며 부친다.

Tip LunchBox!

》 오징어땡 만들기 (재료 : 오징어 1마리, 동그랑땡 반죽 적당량)

① 오징어 몸통의 밑을 다듬고 휴지로 밀어내며 껍질을 벗긴다.

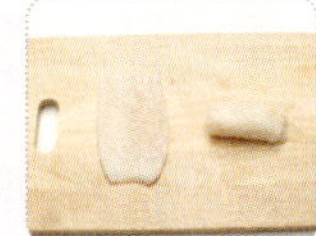
② 빗살무늬로 칼집을 넣는다.

③ 끓는 물에 넣고 동그랗게 말릴 때까지 익힌다.

④ 1cm 정도로 잘라 말린 부분에 동그랑땡 반죽을 넣어 기름을 두른 팬에 앞뒤로 부친다.

스테이크덮밥

쇠고기(스테이크용) 200g, 올리브유 2술, 허브솔트 약간, 양파 1/4개, 미니 파프리카 2개, 숙주나물 30g, 스테이크소스 2술, 마요네즈 1술, 밥 1인분

[요리팁] 스테이크용 고기로는 채끝살을 사용하면 저렴하게 즐길 수 있습니다.

스테이크덮밥

01 올리브유 1술을 두른 팬에 스테이크와 허브솔트를 넣고 초벌구이 한다.

02 구운 뒤에 한입 크기로 썰어 다시 팬에서 익힌다.

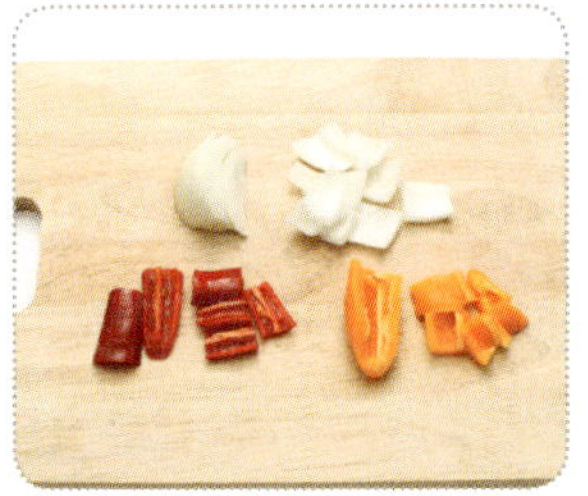

03 파프리카는 씨를 제거하고 양파와 함께 한입 크기로 썬다.

04 올리브유 1술을 두른 팬에 허브솔트를 약간 넣고 볶는다.

05 깨끗이 손질한 숙주는 끓는 물을 두어 번 부어 살짝 익힌다.

06 밥과 위에 준비된 재료와 새싹채소를 올려 스테이크소스, 마요네즈를 곁들여 먹는다.

쌈밥정식

돼지고기 목살 200g, 소금 약간, 후추 약간, 상추 10장, 홍고추 2개, 청고추 2개, 오이 1/2개, 밥 1인분

쌈밥정식

01 목살은 소금, 후추를 뿌려 기름 없이 팬에 굽는다.

02 상추와 고추는 깨끗이 씻어 물기를 빼고 오이는 4등분으로 길게 자른다.

03 상추로 한입 크기의 밥을 싼다. 이때 모양이 흐트러지지 않게 용기에 넣어 고정시킨다.

Tip LunchBox!

》 응용하기
고기는 양념 없이 밑간만 해서 구워도 좋고, 고추장양념으로 볶아도 맛있습니다. 특히 목살은 삼겹살보다 기름이 적고 다른 고기보다는 기름이 약간 있는 편이라, 부담 없이 즐기기에 좋습니다. 목살은 찌개, 볶음으로 다양하게 즐기기에 좋은 부위이니 여러 요리에 응용해보세요.

》 도시락 싸기
상추 안에 한입 크기의 밥을 뭉쳐 도시락을 싸면 먹기에도 편하고 보기에도 좋습니다. 쌈장이나 고추장, 다양한 채소를 곁들여 먹을 수 있도록 함께 싸주는 센스를 발휘해보세요.

연어 초밥말이

밥 2인분, 훈제연어 슬라이스 200g, 데친 부추 6개, 오이 1/3개, 고추냉이 간장 [초밥초] 설탕 1술 반, 식초 2술, 소금 1작은술

연어초밥말이

01 밥이 따뜻할 때 [초밥초]를 넣어 버무린 뒤 식힌다.

02 한입 크기로 동그랗게 만들어 훈제연어로 만다.

03 데친 부추로 묶는다.

04 오이를 곁들여 고추냉이 간장에 찍어 먹는다.

 ### Tip LunchBox!

≫ 연어초밥말이는

저렴한 가격에 대형마트에서 쉽게 구할 수 있는 훈제연어로 만든 연어초밥말이는, 옆으로 돌려 묶는 모양이 예뻐 일반적인 연어초밥보다 훨씬 사랑받는 메뉴입니다. 집에서는 금방 만들어 식사로 즐기거나 집들이, 잔치 때 손님맞이로 내놓아도 손색 없습니다.

≫ 도시락 싸기

너무 더운 여름날에는 생선살이 쉽게 물러지고 상하기 쉬우므로 도시락으로 즐길 때는 여름을 피한 봄, 가을, 겨울에 즐기는 게 좋습니다.

≫ 남은 반찬은

도시락을 쌌다가 남겨져서 돌아온 연어는 샐러드에 넣어 먹으면 좋습니다. 곱게 다져, 양파, 당근, 쪽파 등을 넣어 볶음밥으로 만들어도 새로운 요리로 맛볼 수 있습니다.

생선구이정식

삼치 1/2개, 가자미 1/2개, 조기 1마리, 식용유 5술, 스테이크용 연어 1개, 올리브유 1술, 허브솔트 약간 ⟨곁들인 반찬⟩ 단무지, 락교

생선구이정식

01 삼치는 십자 모양으로, 가자미는 길게 칼집을 넣어 조기와 함께 준비한다.

02 팬에 식용유를 두르고 노릇하게 굽는다.

03 연어는 올리브유를 두른 팬에 허브솔트를 약간 첨가해 굽는다.

Tip LunchBox!

생선은 주기적으로 섭취하는 게 좋으며, 성장기 어린이들에게 특히 좋습니다. 일과 중 피로가 많이 쌓이는 직장인들에게도 육류보다 생선류를 많이 섭취하면 피로회복에 좋습니다.

》 삼치는

삼치 같은 등 푸른 생선에는 DHA가 풍부해 두뇌 발달에 도움을 주고 성인병 예방에도 좋습니다. 삼치는 구이로 많이 먹지만, 간장과 함께 조려먹어도 맛있습니다. 튀김으로 먹어도 좋고, 그릴이나 오븐에서 기름 없이 구워먹어도 담백한 맛을 즐길 수 있습니다.

》 조기는

조기에는 단백질과 칼슘, 철분이 많이 함유되어 있어, 성장발육, 원기회복, 야맹증에 좋습니다. 일반적으로 팬에 많이 구워 먹는 조기는 고춧가루와 간장을 넣어 매콤한 조림으로 만들어 먹으면 색다른 맛을 느낄 수 있습니다. 또 찌개처럼 끓여서 두부와 곁들여 드셔도 좋습니다.

》 가자미는

가자미에는 비타민A와 비타민D, 불포화지방산이 많아 피부미용, 동맥경화 예방, 골다공증 예방에 좋습니다. 가자미는 튀김옷을 입혀 튀겨 먹어도 맛있고 찜으로 만들어 양념장에 찍어 먹어도 맛있습니다. 살만 발라 죽으로 끓이면 아이들이 뼈를 발라내느라 애먹지 않고도 몸에 좋은 영양소를 쉽게 섭취할 수 있습니다.

옛날도시락

〈단무지무침〉 단무지 120g [양념장] 고춧가루 2작은술, 검은깨와 참깨 약간 〈콩자반〉 서리태 2/3컵, 소금 1작은술, 올리고당 4술 〈달걀프라이〉
달걀 1개, 식용유 적당량 〈곁들인 반찬〉 김치볶음, 소시지부침

[요리팁] 김치볶음은 22쪽을, 소시지부침은 32쪽을 참조하세요. 콩자반을 요리하다가 단맛이 모자라면 올리고당을 더 넣어 조리해도 괜찮습니다.

단무지무침

01 단무지는 먹기 좋은 크기의 부채 꼴 모양으로 썰고, [양념장] 재료를 준비 한다.

02 [양념장]으로 단무지를 무친다.

콩자반

01 서리태를 깨끗이 씻어 10분간 물 에 불려 놓는다.

02 소금을 넣고 뚜껑을 덮은 채 콩 이 보일 정도로 물이 줄어들 때까지 가 열한다.

03 콩을 맛봤을 때 비린내가 나지 않는다면 올리고당을 넣고 끈기가 생길 때까지 졸인다.

달걀프라이

01 달걀프라이를 밥 위에 얹어 반찬 들과 함께 내놓는다.

해물찜정식

홍합 7개, 관자 3개, 맛술 1컵, 대하 8미, 홍고추 1/3개, 청고추 1/3개, 초장 〈곁들인 반찬〉 락교

[요리팁] 초장은 52쪽을 참조하세요.

해물찜정식

01 홍합은 겉껍질을 제거해서 준비
해놓는다.

02 관자는 맛술에 담가 놓는다.

03 대하는 흐르는 물에 씻어 이쑤
시개로 두 번째 마디에 있는 내장을 제
거한다.

04 홍합 위에 홍고추와 청고추로 장
식을 하고 찜통에 넣어 찐다.

05 초장을 곁들여 낸다.

 **Tip LunchBox!**

〉〉 해물찜도시락은

찜기를 이용해 조리하면 영양분 파괴를 막을 수 있습니다. 튀김처럼 기름을 이용한 조리방법 대신 찜기를 이용한 조리방법을 이
용한다면 특히 아이들에게 좋겠죠. 성인들의 점심 도시락 메뉴도 튀김이나 볶음 대신 찜 요리를 선택한다면, 점심식사 후 속이
더부룩할 일은 없을 겁니다.

〉〉 체크포인트

④번 과정에서는 찜통 밑의 물이 끓기 시작하고 7분 정도 가열하면 됩니다. 뚜껑을 열어보면 새우가 빨갛게 익어 있고 내장이 흘
러내리지 않은 상태, 즉 내장이 흘러내리지 않으면 완성된 것이죠. 새우가 익으면 다 익은 것이기 때문에 중간 중간 새우를 체크
하면서 찌는 것, 잊지 마세요.

무지개덮밥

⟨고추장불고기⟩ 돼지고기 200g [양념장] 후추 약간, 고추장 1큰술, 매실원액 2술 ⟨간장불고기⟩ 쇠고기 120g [양념장] 후추 약간, 설탕 1술, 참기름 1술, 간장 2술, 다진 마늘 1작은술, 참깨 약간 ⟨빨간 어묵볶음⟩ 사각어묵 4장 [양념장] 맛술 1술, 고춧가루 1술, 간장 1술, 식용유 2술, 올리고당 2술, 간장 1술 ⟨곁들인 반찬⟩ 시금치나물

[요리팁] 시금치나물은 88쪽을 참조하세요.

고추장불고기

01 돼지고기와 [양념장]을 준비한다.

02 멀티팬에 ①을 함께 넣고 버무린다.

03 중간 불로 약하게 익힌다.

간장불고기

01 쇠고기와 [양념장]을 준비한다.

02 멀티팬에 ①을 함께 넣고 버무린다.

03 센 불로 국물이 나오지 않게 볶는다.

빨간어묵볶음

01 어묵은 한입 크기로 적당하게 자른다.

02 [양념장]을 준비한다.

03 팬에 ①과 ②를 넣고 볶는다.

네가지 모듬주먹밥

밥 3인분, 우엉조림 10g, 익힌 당근 5g, 멸치볶음 10g, 슬라이스 치즈 1/2장, 베이컨 1장, 쪽파 1/2개, 밀가루·달걀물·빵가루 적당량, 식용유
[밥양념] 참기름 1술, 참깨 1술, 소금 1/2작은술
[요리팁] 멸치볶음은 30쪽을 참조하세요.

네가지모듬주먹밥

01 밥에 [밥양념]을 넣어 섞는다.

02 우엉조림과 익힌 당근은 다진다. 1을 4등분으로 나눠 우엉, 멸치볶음, 당근과 함께 각각 섞는다.

03 각각 한입 크기로 만든다. 당근 위에는 작게 조각낸 슬라이스 치즈를 얹는다.

04 ②의 과정에서 남은 1/4의 밥을 다진 베이컨, 다진 파와 함께 섞는다.

05 삼각 틀에 넣어 모양을 만든 후 밀가루, 달걀물, 빵가루 순으로 튀김옷을 입힌다.

06 180도의 뜨거운 기름에 바삭하게 튀겨낸다.

자랑하고 싶은 피크닉도시락

요리책 속에서 튀어나온 것만 같은 샌드위치와 여러 종류의 김밥을 보고 친구가 말하죠.
"도대체 어느 가게에서 사온 거야?"
방법만 알면 간단하게 만들 수 있고 야유회, 운동회, 피크닉, 그 외 아주 특별한 날에
잘 어울리는 피크닉도시락은 모든 사람들에게 주목받을 수 있는 소중한 아이템이랍니다.

〈이럴 때 좋아요!〉

남자친구와 함께 피크닉 갈 때
회사 동료들 앞에서 우쭐해지고 싶을 때
수저 없이 간편하게 먹을 수 있는 도시락이 필요할 때

Happy Lunch Time

밥샌드위치

밥 2인분, 햄 30g, 당근 1/6개, 단무지 30g, 새싹 약간 [초밥초] 식초 2술, 설탕 1술, 소금 1/2작은술 〈곁들인 반찬〉 채소쌈무말이

[요리팁] 남은 밥을 활용해 쌈무에 채소와 함께 말아 채소쌈무말이를 만들어 먹어도 좋습니다.

밥샌드위치

01 밥에 [초밥초]를 넣어 버무린다.

02 햄, 당근, 단무지는 곱게 다진다.

03 통을 하나 준비하고, 랩을 깐 뒤 밥을 꾹꾹 눌러 담아 1cm 정도만 넣는다.

04 ③의 위에 재료를 넣고 밥과 재료를 번갈아 넣다가 마지막은 밥으로 마무리한다.

05 조심스럽게 뒤집고 꺼내 새싹을 올리고 랩핑한다.

 ## Tip LunchBox!

>> 밥샌드위치는

김밥을 안 먹는 아이도 밥샌드위치를 주면 좋아합니다. 아이들이 쉽게 먹을 수 있도록 너무 크지 않게 만들어 주고 모양이 흐트러지지 않게 랩핑하여 주는 게 좋습니다. 랩핑을 할 땐 새싹이나 식용꽃 등을 이용하여 장식하면 훨씬 보기 좋습니다. 평소에 아이들이 잘 먹지 않는 채소를 이용하여 다양한 밥샌드위치를 만들어봅시다.

햄말이밥

쪽파 1개, 당근 1/3개, 다진 쇠고기 100g, 밥 2인분, 식용유 3술, 참깨 약간, 소금 약간, 밥말이용 햄 10장, 데친 부추잎 10개 [불고기양념] 간장 1술, 설탕 2작은술, 후추 약간, 참기름 1작은술, 참깨 조금

[요리팁] 꼬치를 이용해서 햄말이밥을 고정시켜도 좋습니다. 만약 다진 쇠고기가 없다면 넣지 않아도 괜찮습니다. 밥을 뭉칠 땐 초밥틀을 사용하여 모양을 잡아주면 만들기 편합니다.

햄말이밥

01 쪽파와 당근은 잘게 다지고, 다진 쇠고기는 [불고기양념]을 넣어 재어 놓는다.

02 쇠고기를 볶은 후 밥과 당근, 쪽파를 기름을 두른 멀티팬에 넣고 참깨, 소금을 더해 볶는다.

03 ③을 한입 크기로 뭉쳐 밥말이용 햄을 이용해서 밥을 말아 데친 부추로 묶어 고정시킨다.

 Tip LunchBox!

≫ 햄말이밥은

피크닉도시락으로 활용해도 좋지만 밥을 잘 먹지 않거나 채소를 싫어하는 아이들에게 집에서 간편하게 해줄 수 있는 음식이기도 합니다. 여러 가지 채소와 고기를 넣어 볶아주고 햄으로 말아주면 든든하게 한 끼를 대신할 수 있습니다. 초밥처럼 밥 위에 햄을 얹어서 먹어도 특별한 맛을 느낄 수 있습니다. 김밥은 시간이 오래 걸리는 단점이 있지만 햄말이밥은 만드는 데 시간도 적게 걸리고 쉽게 상하지 않아 좋습니다.

김밥도시락

〈**쇠고기미니김밥**〉 밥 2인분, 김 2장, 다진 쇠고기 200g [밥 양념] 소금 1작은술, 참기름 1술 [쇠고기 양념] 간장 3술, 참기름 1술, 설탕 1술, 후추 약간, 다진 마늘 2작은술, 참깨 1작은술 〈**모듬김밥과 누드김밥**〉 밥 4인분, 시금치 1단, 오이 1개, 소금 적당량, 당근 1개, 식용유 적당량, 맛살 2개, 달걀지단 4개, 김 4장, 햄 4줄, 우엉조림 4줄, 단무지 4줄, 날치알 50g, 크래미 4개 [밥 양념] 소금 3작은술, 참기름 3술 [시금치무침 양념] 소금 약간, 참기름 1술, 다진 마늘 2작은술, 참깨 약간 〈**참치김밥과 치즈김밥**〉 밥 4인분, 캔 참치 50g, 마요네즈 3술, 깻잎 10장, 햄 4줄, 맛살 2개, 오이 1/2개, 당근 1/3개, 우엉조림 4줄, 단무지 4줄, 김 4장, 치즈 2장 [밥 양념] 소금 3작은술, 참기름 3술, 참깨 3술

[요리팁] 쇠고기미니김밥에서 쇠고기를 볶을 때 센 불로 볶으면 국물이 생기지 않습니다. 만약 볶는 과정에서 국물이 나온다면 키친타월로 닦아주세요. 누드김밥을 말 땐 랩이 같이 안으로 들어가지 않도록 조심해서 말아야 합니다.

쇠고기미니김밥

01 밥에 [밥 양념]을 넣어 버무린다.

02 김은 4등분하여 준비한다.

03 다진 쇠고기는 [불고기 양념]을 넣고 볶는다.

04 ②의 위에 ①을 3/4 정도 펴고, ③을 올려 돌돌 만 뒤 김 끝에 물을 묻혀 마무리한다.

Tip LunchBox!

≫ 쇠고기미니김밥은

한 가지 재료만 들어간다고 해서 쇠고기 김밥의 맛 또한 밋밋한 것은 결코 아닙니다. 깔끔하고 담백한 맛 때문에 어린 아이부터 할아버지 할머니까지 모두 좋아합니다. 특히 볶음김치를 함께 곁들여 먹으면 질리지 않고 더 맛있게 먹을 수 있습니다. 피크닉을 갈 때나 가볍게 나들이를 갈 때, 야구장이나 놀이동산에 갈 때 간편하게 준비해서 가기 좋은 메뉴입니다.

모듬김밥

01 밥에 [밥 양념]을 넣어 버무린다.

02 시금치는 데치고, 찬물에 헹군 뒤에 물기를 짜서 [시금치무침 양념]을 넣어 버무린다. 오이는 씨가 있는 부분을 자르고 소금에 살짝 절여 물기를 제거한다.

03 채 썬 당근은 기름을 두른 팬에 볶고, 맛살은 반으로 잘라 준비한다. 달걀 지단은 127쪽의 팁을 참조해서 만든 뒤 알맞은 길이로 잘라 준비한다.

04 김발을 깔고 김을 깐 다음 밥을 3/4 올리고 ②, ③과 우엉, 단무지를 올린다.

05 김 끝에 물을 묻혀 김밥을 만다.

누드김밥

01 누드김밥의 김은 3/4 정도로 자른다. 김 위에 밥을 빈부분이 없이 고루 펴고 랩을 위에 올려 뒤집는다.

02 김 위에 준비된 재료를 올린다. 이때 날치알 위에 크래미가 올라가도록 한다.

03 김 끝에 물을 묻히고 김발을 이용해서 김밥을 만다.

참치김밥

01 준비된 밥에 [밥 양념]을 넣어 버무린다.

02 참치와 마요네즈, 깻잎을 준비한다.

03 김 위에 ①을 3/4 정도 펴고, 준비된 재료를 올린 뒤 깻잎을 3장 겹쳐 올려 ②를 올린다.

04 깻잎을 만다.

05 김 끝에 물을 묻히고 김발을 이용해서 김밥을 만다.

치즈김밥

01 밥을 김 위에 3/4 펴고, 준비된 재료와 깻잎을 2장 겹쳐 올린 뒤, 깻잎 위에 치즈를 올린다.

02 깻잎을 만다.

03 김 끝에 물을 묻히고 김발을 이용해서 김밥을 만다.

칠색주먹밥

밥 4인분, 흑임자 1술, 참깨 1술 [다지는 재료] 햄 30g, 단무지 30g, 맛살 1개(빨간 부분), 오이 1/3개, 우엉조림 30g [밥 양념] 소금 1작은술, 참기름 2술

[요리팁] 오이는 소금으로 문지르거나 돌기를 잘라낸 뒤, 껍질 부분만 돌려깎기 하여 사용합니다. 곱게 다진 재료를 밥에 묻힌 후 랩으로 싸서 모양을 잡아주면 쉽게 흐트러지지 않습니다.

칠색주먹밥

01 밥에 [밥 양념]을 넣어 잘 버무린다.

02 ①는 한입 크기로 동글동글하게 만든다.

03 [다지는 재료]는 따로 곱게 다져 흑임자, 참깨와 함께 준비한다.

04 ②에 ③의 양념을 각각 고루 묻힌다.

 Tip LunchBox!

》 칠색주먹밥은

화려한 칼라가 돋보이는 칠색주먹밥은 눈으로 보기에도 좋고 먹기에도 좋으며 만들기도 간편합니다. 칠색주먹밥은 피크닉도시락으로 활용해도 좋지만 어르신들을 병문안 갈 때 만들어 가면 좋습니다. 밥은 초밥초로 양념해도 되지만 소금과 참기름만으로 양념하면 아이들의 입맛에 딱 맞는 주먹밥이 완성됩니다. 또한 크기를 조금 크게 해서 속에 볶은 김치를 넣으면 김치를 잘 안 먹는 아이들도 잘 먹고, 간도 딱 맞게 됩니다.

또띠아말이

또띠아 3장, 닭가슴살 1덩이, 우유 1/2컵, 소금 약간, 후추 약간, 양상추 100g, 쌈채소 100g, 오이 1/2개, 당근 1/3개, 피클 2개, 토마토페이스트 4술, 사워크림 4술

[요리팁] 또띠아는 찜기에 한번 찌거나 전자레인지에 1분간 돌려서 사용해도 괜찮습니다.

또띠아말이

01 또띠아는 팬에 살짝 굽는다.

02 닭가슴살은 우유, 소금과 후추로 30분간 재어 놓는다.

03 ②를 삶아서 1cm 두께로 길게 자른다.

04 양상추와 쌈채소는 한입 크기로 찢어 찬물에 담가 놓았다가 물기를 빼고, 오이와 당근, 피클은 채 썬다.

05 또띠아 위에 토마토페이스트를 바르고, 닭가슴살과 ④의 채소, 사워크림을 곁들여 돌돌 만다.

Tip LunchBox!

≫ 또띠아말이는

또띠아말이에는 닭고기 대신 매콤하게 볶은 쇠고기나 훈제오리 등을 넣어도 색다른 맛을 즐길 수 있습니다. 사워크림의 새콤한 맛은 고기와 채소에 모두 다 잘 어울리므로 여러 가지 다른 요리에 충분히 응용할 수 있습니다. 양파나 당근, 브로콜리 등 아이들이 기피하는 재료를 또띠아 속에 몰래 넣어 말아주면 거부감 없이 잘 먹을 수 있습니다.

유부초밥 + 미니주먹밥

〈유부초밥〉 유부초밥 세트 1개(2인분 기준), 밥 3인분 〈미니주먹밥〉 김 1/4장, 우엉조림 약간, 단무지 약간

Recipe 1 유부초밥

01 유부초밥 세트에 있는 밥 양념을 넣어 버무린다.

02 양념물을 꼭 짠 유부초밥 세트의 유부에 ①을 넣는다.

Recipe 2 미니주먹밥

01 우엉조림과 단무지를 곱게 다지고 김은 잘게 잘라 〈유부초밥〉에서 사용하고 남은 밥에 버무린다.

02 밥을 틀에 넣어 주먹밥을 만들고 김을 둘러 마무리한다.

Tip LunchBox!

» 유부초밥과 미니주먹밥은

피크닉도시락 중 가장 간편하고 쉬운 음식입니다. 아마 피크닉도시락을 처음 싸보는 사람이라면 먼저 근처 마트에서 유부초밥 만들기 세트를 구입할 것을 추천합니다. 만들기 쉬울 뿐만 아니라 모양도 예뻐서 여러 사람과 놀러가거나 연인과 놀러갈 때 준비해가기 딱 좋습니다. 비교적 저렴하고 금방 만들 수 있으며 맛도 좋고 예뻐 주변 사람들이 틀림없이 감탄할 것입니다. 유부초밥을 만들 땐 밥을 넉넉하게 만들어 미니주먹밥도 만들면 좋습니다. 간단히 김으로 띠만 둘러줘도 전혀 색다른 주먹밥이 완성됩니다. 유부초밥과 미니주먹밥만 먹으면 텁텁할 수 있으니 맑은 된장국을 따로 가져가 먹는 것도 좋은 방법입니다.

달걀말이김밥

달걀 6개, 전분물(전분과 물 1:1비율) 6술, 데친 부추 20개, 모듬김밥 3개

[요리팁] 모듬김밥은 116쪽을 참고하세요

달걀말이김밥

01 달걀에 전분물을 넣어주고 소금을 약간 넣어 섞는다. 기름을 두른 팬을 한번 닦아내고 약불로 지단을 부친다.

02 부추를 3cm 간격으로 놓고 달걀을 위에 얹는다.

03 ②의 위에 모듬김밥을 놓고 김밥을 말듯 감싼 뒤 데친 부추로 묶는다.

Tip LunchBox!

≫ 달걀지단 만들기

★ 격자무늬
① 달걀 1개에 전분물 1술, 소금 조금을 섞은 뒤 소스통에 넣어 달군 팬에 격자무늬로 뿌린다.

★ 줄무늬
① 달걀 2개를 흰자와 노른자를 분리하여 각각 전분물 1술과 소금 조금을 섞어 소스통에 넣고 달군 팬에 줄무늬로 뿌린다.
② 반 정도 익을 쯤 팬에 흰자를 붓는다.

★ 일반
① 달걀 3개에 전분물 3술과 소금 약간을 넣어 섞은 뒤 팬에 부어 약한 불로 부친다.

오보로꽃김밥

밥 2인분, 오보로 3술, 단무지 30g, 김 2장, 마늘종 2개 [초밥초] 식초 2술, 설탕 1술, 소금 1작은술

오보로꽃김밥

01 [초밥초]를 잘 섞어서 따뜻한 밥에 넣어 버무린다.

02 ①에 오보로와 단무지 다진 것을 넣어 각각 색을 낸다.

03 김 1장은 6등분하여 모두 오보로로 색을 낸 밥을 넣어 말고, 남은 1장 중 1/2은 3등분하여 딱 1장에만 단무지로 밥과 마늘종을 넣어 만다.

04 단무지로 염색한 김밥을 가운데에 놓고 그 주위를 오보로로 염색한 김밥으로 두른 후, 남은 김 1장의 1/2장으로 말아 썰면 완성이다.

 Tip LunchBox!

》오보로란

오보로는 하얀 생선살을 쪄서 거기에 색과 맛을 더한 일본 식재료입니다. 일본에서는 여러 가지 재료를 오보로로 만들어 사용하고 있습니다. 우리들에겐 조금 생소한 식재료이지만 초밥초로 맛을 낸 밥에 오보로를 곁들여 김밥을 싸면 색도 이쁘고 맛도 있습니다. 특히 화려한 색깔과 단맛을 지니고 있기 때문에 아이들에게 인기만점입니다. 오보로는 일식재료수입상가나 인터넷쇼핑몰에서 구입할 수 있습니다. 쓰다 남은 식재료는 밀폐해서 냉동고에 보관하면 다시 쓸 수 있습니다.

햄치즈샌드위치 + 롤샌드위치

〈햄치즈샌드위치〉 식빵 2개, 슬라이스 햄 5장, 슬라이스 치즈 2장, 상추 6장, 양상추 2장, 토마토 1/4개, 피클 1개, 마요네즈·머스터드 적당량

〈롤샌드위치〉 식빵 2개, 슬라이스 햄 2장, 슬라이스 치즈 2장, 마요네즈 적당량

[요리팁] 햄치즈샌드위치의 햄은 여러 장을 접어서 올리면 더욱더 근사하게 연출할 수 있습니다. 롤샌드위치를 사탕 모양으로 포장할 때 생과일을 얇게 잘라 키친타월로 수분을 제거하면 과일향이 나는 깜찍한 샌드위치가 완성됩니다.

햄치즈샌드위치

01 토마토와 피클은 모양 그대로 얇게 자르고 양상추는 깨끗이 씻어놓는다.

02 빵에 마요네즈를 한 숟갈씩 떠서 바른 뒤 상추, 양상추, 토마토, 피클, 머스터드, 햄, 치즈, 마요네즈를 바른 빵의 순서대로 쌓는다.

롤샌드위치

01 식빵 겉껍질을 제거하고 빵의 한 쪽을 사선으로 잘라낸 뒤 젖은 키친타월이나 면보자기로 수분을 먹인다.

02 밀대로 밀어 납작하게 만든다.

03 ②에 마요네즈를 바르고 햄과 치즈를 올린 뒤 랩으로 만다.

🍎 Tip LunchBox!

》 햄치즈샌드위치는

햄치즈샌드위치는 가장 보편적으로 알려진 샌드위치로 쉽게 만들어 먹을 수 있는 샌드위치입니다. 여러 가지 채소와 과일 등을 곁들여 먹으면 영양소도 골고루 섭취할 수 있고 특별한 맛을 경험할 수 있습니다.

》 롤샌드위치는

재료는 적게 들어가지만 담백한 맛과 동글동글 귀여운 모양 때문에 인기가 많은 메뉴입니다. 롤샌드위치를 투명 비닐에 포장을 할 때 사진과 같이 생과일을 얇게 잘라 곁들여 포장하면 모양도 예쁘고 과일향도 배어나 일석이조의 효과를 누릴 수 있습니다.

연어샌드위치

미니 크로와상 3개, 상추 3장, 토마토 1개, 피클 2개, 훈제 슬라이스 연어 2장, 후추 약간, 파슬리 가루 약간 [레몬소스] 피클 국물 1술, 마요네즈 5술, 레몬가루 3술, 머스터드 1술, 다진 피클 2술

연어샌드위치

01 양파와 토마토, 피클은 얇게 자른다.

02 훈제연어는 기름 없는 팬에 후추와 파슬리가루를 뿌려서 굽는다.

03 [레몬소스] 재료를 섞어 반으로 자른 크로와상에 한 숟갈 정도 바른다. 이때 빵을 끝까지 자르지 않도록 조심한다.

04 ③의 안에 상추, 연어, 토마토, 양파, 피클 순으로 넣는다.

 Tip LunchBox!

>> 연어샌드위치는

상큼한 레몬소스와 부드러운 크로와상, 그리고 연어는 절묘하게 잘 어울립니다. 연어는 몸에 좋은 기초식품인 슈퍼푸드에 해당하는 유일한 생선입니다. 특히 노화방지와 다크서클, 주름 예방에 좋고, 류머티즘이나 치매, 눈의 피로, 건조한 피부에 좋은 식품입니다. 담백한 훈제연어 같은 경우 올리브유에 구워서 샌드위치로 먹으면 맛도 좋고 부담스럽지도 않아 쉽게 연어요리를 접할 수 있는 기회가 됩니다. 연어샌드위치는 아이, 어른 구별할 것 없이 모두들 좋아하는 샌드위치이기 때문에 손님초대요리로 좋습니다. 크로와상은 쉽게 마르기 때문에 요리를 만든 후 유산지나 랩으로 포장해 놓아야 합니다.

닭가슴살크랜베리샌드위치

닭가슴살 1덩이, 우유 1/2컵, 소금 약간, 후추 약간, 호밀식빵 3개, 상추 4장, 양상추 2장, 토마토 1/8개, 양파 1/8개, 피클 2개, 스위트머스터드(겨자씨가 들어 있는 제품) 4술, 크랜베리 약간, 마요네즈 약간

[요리팁] 완성된 샌드위치는 5분 정도 도마로 눌러 놓으면 모양이 흐트러지지 않고 잘 고정됩니다.

닭가슴살크랜베리샌드위치

01 닭가슴살은 우유에 소금, 후추를 넣어 재었다가 삶아 손으로 찢는다.

02 토마토와 피클, 양파는 얇게 자르고, 상추는 깨끗이 씻어 준비한다.

03 식빵 위에 마요네즈를 펴 바르고, 상추, 토마토, 피클, 양파 순으로 올리고 빵으로 덮는다.

04 상추를 올리고 크랜베리와 스위트머스터드를 넉넉히 넣어 버무린 것, 양상추를 올려 빵으로 마무리한다.

Tip LunchBox!

≫ 닭가슴살크랜베리샌드위치는

유명한 카페에서나 맛볼 수 있는 이 샌드위치를 집에서도 쉽게 해 먹을 수 있게 되었습니다. 머스터드의 독특한 맛이 닭가슴살의 퍽퍽함과 밋밋한 맛을 잡아주고, 상큼한 크랜베리가 그 맛을 더해줍니다. 만약 크랜베리가 없다면 닭가슴살만 넣어서 먹어도 괜찮습니다. 닭가슴살크랜베리 샌드위치는 속을 두툼히 채워 반으로 잘라 포장해야 모양도 예쁘고 흐트러질 염려가 없습니다. 이때 샌드위치를 잘 자르려면 샌드위치 포장지로 포장을 한 뒤에 빵칼을 이용해서 자르는 게 모양도 흐트러지지 않고 깔끔하게 잘려 좋습니다.

베이컨샌드위치

베이글 1개, 잉글리쉬 머핀 1개, 버터 1술, 베이컨 4장, 치즈 2장 [달걀물] 달걀 2개, 소금 약간, 우유 5술

베이컨샌드위치

01 베이글과 머핀은 반으로 잘라 준비하고 베이컨은 노릇하게 굽는다.

02 [달걀물] 재료를 모두 섞는다.

03 버터를 녹인 팬에 ②를 넣고 지단을 부친다.

04 빵의 잘린 면을 밑으로 하여 마가린을 넣고 굽는다.

05 ④ 위에 지단, 베이컨, 치즈, 빵 순으로 올려서 완성한다.

 Tip LunchBox!

》 베이컨샌드위치는

유명한 패스트푸드점에서 아침 한정 메뉴로 파는 샌드위치와 비슷한 맛과 생김새를 지닌 도시락입니다. 아침식사 대용이나 간단한 나들이에 가져가기 좋은 베이컨샌드위치는 향긋한 원두커피를 곁들여 먹으면 금상첨화입니다. 딱딱한 베이글이 부담스럽다면 부드러운 잉글리쉬 머핀을 권합니다. 베이컨이 없다면 슬라이스 햄으로 대신해도 좋습니다.

누구에게나 인기만점 캐릭터도시락

다른 아이보다 특별한 내 아이. 무조건 비싸고 맛있기만 한 도시락은 흥미를 느끼지 못한다고요?
이젠 자랑하면서 맛있게 한 그릇 뚝딱 해치울 수 있는 캐릭터도시락을 만들어주세요.
우리 아이가 제일 좋아하는 냉장고 나라 코코몽, 알록달록 바닷속 친구들까지!
아이를 위해 도전하는 엄마가 진정 아름답습니다.

〈이럴 때 좋아요!〉
아이가 자꾸 도시락을 남겨올 때
친구들 사이에서 아이의 기를 세워주고 싶을 때
인기만점 엄마가 되고 싶을 때

Happy Lunch Time

아기 호랑이

≫ 비엔나소시지 꽃 만들기

비엔나소시지를 단면으로 잘라 그림과 같이 칼집을 냅니다. 노른자 지단을 바닥에 놓고 빨대를 모양틀로 하여 조그만 동그라미를 만든 후, 비엔나소시지의 한가운데 끼워 넣으면 완성됩니다.

나만의 장식(1)
※145쪽 참조

색깔 어묵

건 키위

고추장비빔밥

햄

노른자 지단

흰자 지단

당근

김

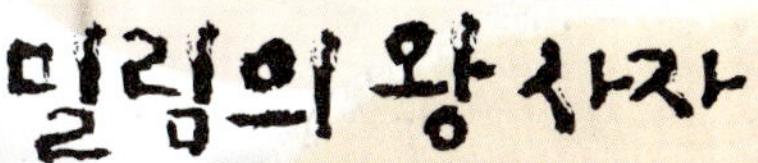
밀림의 왕 사자

새싹채소
간장+참기름 밥
김
건 키위
나만의 장식(1)
※145쪽 참조
당근
색깔 어묵
달걀지단

》 사자 갈퀴의 비밀
풍성한 사자의 갈퀴는 인삼의 잔뿌리를 이용한 작품입
니다. 보는 것만으로도 든든해지는 도시락. 재밌고 건강
하게 즐겨보세요.

냉장고 나라 코코몽

소시지

당근

하얀지단

무쌈채

노른자 지단

쌈다시마

오이

키위

딸기

단무지

청포도

당근

흰자 꼬치

>> 꼬치 만들기

흰자 지단과 노른자 지단을 따로 만들어 적당한 길이로 자른 후 돌돌 말아 꼬치에 끼우면 귀엽고 앙증맞은 꼬치가 완성됩니다. 더 나아가 깻잎과 달걀 지단, 흰자 지단과 노른자 지단 등을 겹쳐 말아 환상적인 혼합 꼬치를 만들어 보세요.

우리들의 친구 호빵맨

비엔나소시지를 단면으로 자른 뒤, 맛살을 빨대로 찍어
코와 볼을 만들어줍니다. 그 뒤 이쑤시개에 물을 묻히고
검은깨를 찍어 눈을 올리면 간단하게 호빵맨의 얼굴이
만들어집니다.

개구쟁이 우비소년

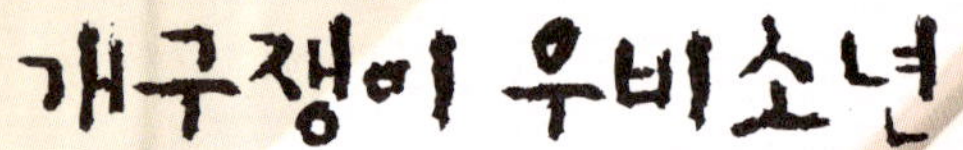

》 복분자 가루로 색 내기
찹쌀가루에 복분자가루를 섞어 반죽을 만들어 지단처럼 부치면 이처럼 살구색이 됩니다. 복분자가루를 어느 정도 넣느냐에 따라 여러 색깔을 연출할 수 있으니 한번 도전해보세요.

백만볼트 피카츄

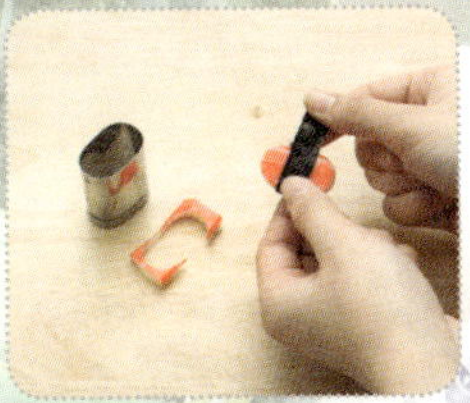

》나만의 장식 (1)

맛살을 모양틀로 잘라 김으로 띠를 둘러줍니다. 간단하지만 도시락의 분위기를 확 살려주는 앙증맞은 아이템! 띠를 두르거나 눈동자를 연출하는 등, 김의 활용도는 무궁무진합니다.

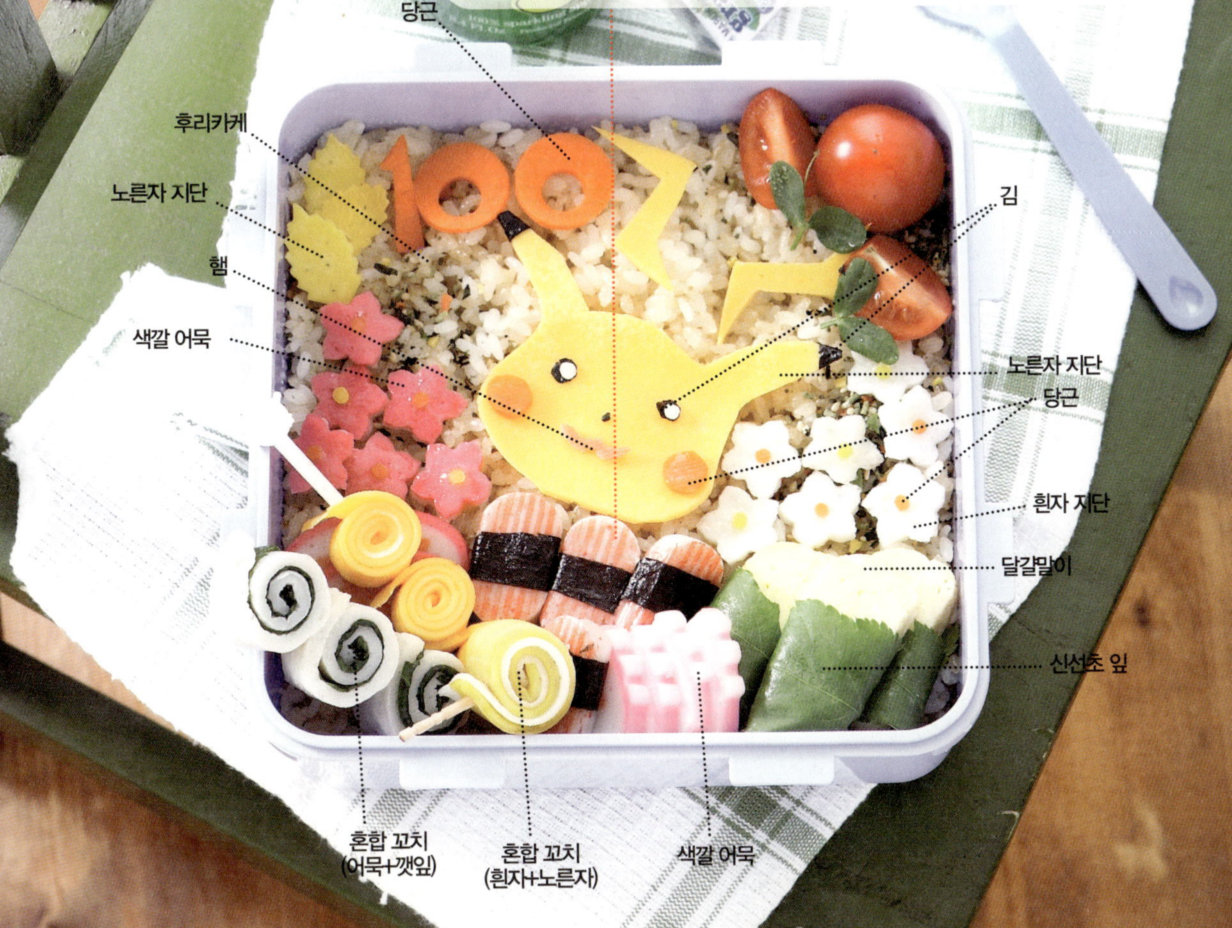

당근
후리카케
노른자 지단
햄
색깔 어묵
김
노른자 지단
당근
흰자 지단
달걀말이
신선초 잎
혼합 꼬치
(어묵+깻잎)
혼합 꼬치
(흰자+노른자)
색깔 어묵

삐약삐약 병아리

노른자 지단

흑임자

당근

당근

청포도

크래미

쌈다시마

김

달걀말이

혼합 꼬치
(어묵+쌈다시마)

>> 나만의 장식 (2)

삶은 메추리알의 윗부분에 칼집을 내 채 썬 파프리카를 꽂아주면 간단하게 장식이 완성됩니다. 각양각색의 파프리카나 채소를 이용해 다양한 색깔의 장식을 만들어 보세요.

귀여운 아기 양

후리카케

흰자 지단

김

햄

복분자 가루를 넣어
부친 지단

어린 새싹

햄

어묵

비엔나소시지

색깔 어묵

마늘종

》양 몸통 만들기

흰자만 따로 분리해 지단을 부친 뒤 충분히 식힙니다. 가위로 오려 양을 만들어주면 완성됩니다. 아기 양의 귀와 다리는 복분자가루를 더한 찹쌀가루를 부쳐 만들었어요.

벚꽃 피는 날

색깔 어묵

비엔나소시지

혼합 꼬치
(깻잎+어묵)

혼합 꼬치
(흰자+노른자)

건 키위

건 망고

색깔 어묵

하얀 어묵

당근

건 망고

>> 여러 가지 색의 벚꽃 만들기

여러 가지 색깔 어묵과 비트 등을 이용해 꽃 모양틀로 무
늬를 냅니다. 그 후 노른자 지단을 빨대로 모양내 올려주
면 화사하게 포인트를 줄 수 있습니다.

다양한 파스타

하트 모양 파스타를 시중에서 구입해 삶아주면 이렇게 쉽게 도시락을 꾸밀 수 있습니다. 이외에도 다양한 모양의 파스타를 직접 찾아 응용해 나만의 도시락을 꾸며 보세요.

어느 화창한 여름날

>> 빨랫감 만들기

화창한 여름날, 맛살 빨랫줄에 줄줄이 걸려 있는 빨랫감들은 지단이나 채소를 오려 만든 거랍니다. 다양한 채소를 원하는 모양으로 잘라 꾸며보세요. 색다른 나만의 도시락이 완성됩니다.

바닷속 풍경

≫ 파란 어묵의 비밀

신비한 파란색은 가지와 식용색소의 작품입니다. 가지를
우린 물에 식용색소를 약간 첨가해 어묵을 넣어 색을 입
혀주면 파란색 어묵이 완성됩니다.

보름달이 뜬 가을 풍경

》 색깔 어묵의 종류
일본도매상이나 인터넷쇼핑몰에서 구할 수 있는 색깔 어묵은 일본에서는 일상적으로 즐겨 쓰는 식재료입니다. 개봉 후에는 1주일 정도 보관이 가능하니 예쁘다고 아껴 쓰지 말고 아낌 없이 쓰세요.